U0461630

金字塔思维

THE PYRAMID MIND

（Vlad Beliavsky）

［英］弗拉德·贝利亚夫斯基 ▸ 著　　张玥 ▸ 译

中信出版集团 | 北京

图书在版编目（CIP）数据

金字塔思维 /（英）弗拉德·贝利亚夫斯基著；张玥译 . -- 北京：中信出版社，2023.7
书名原文：THE PYRAMID MIND: The Six-Part Programme for Confidence, Happiness and Success
ISBN 978-7-5217-5703-3

I.①金…　II.①弗…②张…　III.①思维训练—通俗读物 IV.① B80-49

中国国家版本馆 CIP 数据核字（2023）第 076694 号

Copyright © Vlad Beliavsky, 2023
Simplified Chinese translation copyright © 2023 by CITIC Press Corporation
ALL RIGHTS RESERVED
本书仅限中国大陆地区发行销售

金字塔思维

著者：　　［英］弗拉德·贝利亚夫斯基
译者：　　张玥
出版发行：中信出版集团股份有限公司
　　　　　（北京市朝阳区东三环北路 27 号嘉铭中心　邮编　100020）
承印者：　北京诚信伟业印刷有限公司

开本：787mm×1092mm　1/16　　　印张：16.25　　字数：190 千字
版次：2023 年 7 月第 1 版　　　　　印次：2023 年 7 月第 1 次印刷
京权图字：01-2023-2535　　　　　　书号：ISBN 978-7-5217-5703-3
　　　　　　　　　　　　　　　　　定价：69.00 元

版权所有·侵权必究
如有印刷、装订问题，本公司负责调换。
服务热线：400-600-8099
投稿邮箱：author@citicpub.com

目录

CHAPTER ONE

第一章　金字塔模型

CHAPTER TWO

第二章　顶部金字塔

第三章　　底部金字塔

第四章　　通向自我改变之路

译者序
从改变自己开始

几千年前，古希腊奥林匹斯山上的德尔斐神庙里有一块石碑，上面写着"认识你自己"。这句话像是一句警言，更像是一个神谕，激励着我们在仰望头顶的星空、在向外部无边的世界探索的同时，也在向我们自己的内心深处漫溯。从古希腊先哲的内省和对自己的灵魂拷问，到现代认知科学视域下对于人类心智的跨学科研究，可以说，我们人类对于自己的好奇心永远不会缺席。

但是心智对于大部分人来说还是太过于抽象和玄奥了，我们能否抛开那些难懂的学科术语和纷繁的实验数据，直接获得一本"心智使用手册"呢？这听起来好像有点异想天开，但是这正是本书作者弗拉德·贝利亚夫斯基博士想要奉献给我们的礼物。

弗拉德·贝利亚夫斯基博士毕业于英国华威大学，是一位当代人格心理学家、作家，热衷于心理治疗相关的探索和实践。他继承了整合性心理治疗的传统，以敏锐的洞察力将创新性的研究与传统的治疗方法相结合，创立了名为"金字塔模型"的自我心理护理方法，具体的理论模型和操作方法正是在《金字塔思维》这部新作中首次呈现给读者。

这本书适合那些没有心理学或心理治疗专业背景但依然渴望自我了解或自我疗愈的读者，更适合那些阅读了不少相关书籍但是还是会疑惑"我应该从哪里开始"的读者。

弗拉德·贝利亚夫斯基博士首先将人类心智分解为理智、信念、记忆、情绪、言语和行为六个相互区别又相互关联的层级，以平实而幽默的语言向我们解释每一个层级的运作逻辑，提醒我们每个层级都对我们的身心健康、人际关系和日常表现发挥着独特而重要的影响；此外，针对各个心智层级，他还贴心地为我们打造出一套"保姆级"训练计划，并配以有针对性的训练目标和详尽的行动指南。"易于理解，易于上手，易于坚持"——这正是《金字塔思维》的独到之处，也是区别于同类书籍的最大优势。

如果您想了解如何掌控自己的思维、情绪、行为和记忆，想知道如何成长并成为自己希望成为的那个人，想知晓如何增强自信心和幸福感，那便不必再花费时间和精力去苦苦寻觅、逐个甄别了，因为作者已经帮你找到了上述问题的答案，而这些答案就藏在你手中的这本书里。

作者的笔触是温暖而细腻的，他不是絮絮叨叨的成功学大师，更不是颐指气使的教师爷，而是坐在午后香气氤氲的咖啡厅里，满眼澄澈地望着您，说到兴奋处也会眉飞色舞的一位渊博而诙谐的老友。为了证明自己提出的金字塔模型，他会从亲身经历出发，向你娓娓道出综合格斗和心理治疗之间微妙的共性；为了解释人类大脑的运作机制，他也会将一个个原本冷冰冰的案例和实验研究讲得跌宕起伏、生动有趣。

　　在训练自己注意力的时候，他会提醒你时刻保持清醒，让意识像太阳一样每日升起，光芒四射，照亮自己前进的脚步。在面对自己记忆的时候，他会告诉你美好的记忆就像美艳的花朵——看着它们就会不自觉地嘴角上扬；而糟糕的记忆更像是树木，一棵树的生长需要花费更长的时间，但随着时间的流逝，它也会为你结出果实，给你提供赖以生存的氧气和炎炎夏日里的阴凉。在处理自己情绪的时候，他认为不加控制的情绪就像野火，会给我们带来巨大的麻烦和危险；而能够被自己掌控的情绪更像篝火，可以用来取暖、做饭，营造一种舒适的氛围，吸引其他露营的人……

　　当然，让我们感动的不仅仅是文字本身，还有一份文字背后的赤诚之美和理想之馨。弗拉德•贝利亚夫斯基博士的祖国曾经饱受政局动荡、民族矛盾的困扰，这在他的心中早早地种下了悲天悯人的种子，同时也赋予了他一腔改变世界的热血。如何以一己之力改变这个世界呢？作者也曾迷惑，也曾彷徨，也曾求索，最终用《金字塔思维》这本书给出了回答——"想要改变世界，先要改变自己"。那我们不妨就跟随作者一起，先从改善自己的心智做起，再来慢慢地让这个世界变得更好吧！

前言
塑造心智模式的科学方法

如何让世界变得更加美好？这个问题在我十几岁的时候一直困扰着我。也许是因为那段时期我的祖国乌克兰，这个我生长的地方正在经历一场巨大的政治和社会动荡。我还记得自己在童年时期和朋友们第一次去中央广场的情景，我们翘了一整天课跑去看几百万成年人参加的各种各样的全国性抗议活动。

如何让世界变得更加美好？我会思考这个问题也许是因为我热爱历史。我曾和父亲在厨房里彻夜探讨历史的分期、文明的兴衰、改变人类生活方式的重大改革或者统治者的功过。

也许是因为我对他人不公的遭遇和痛苦的经历异常敏感，觉得他们应该被世界温柔以待；也许是因为我当时正处在青春期，雄性激素激发了我对当前局势的反抗心理。到底是什么原因我并不知道。

更重要的是，当时我也不知道自己能对此有何作为，甚至不知道应该从哪里入手。是出国做一名志愿教师，还是通过努力学习成为一名锐意改革的政治家，抑或是拼命挣钱然后成为一名慈善家？我不确定自己到底应该选择哪条路。

不久以后我上了大学，上学期间我阅读了一些哲学入门书。也许在某种程度上我希望那些历史上最伟大的思想家能够给我提供一些答案，或者至少给我指明追寻的方向。终于，我达成所愿了。

众多思想家似乎都不约而同地提到一个观点。其中圣雄甘地是这样表述的："想要改变世界，先要改变自己！"类似的表述还包括：

- "我们所创造的世界来源于我们思考的过程，若不改变思想，难以改变世界。"——阿尔伯特·爱因斯坦
- "胜人者有力，自胜者强。"——老子
- "能与自己和谐相处的人，也是这世界中和谐的一分子。"——马可·奥勒留
- "平和由内取，勿要向外求。"——释迦牟尼

"先要改变自己！"我不确定自己当时是否真的理解其中的奥义，但不知为何，这个观点还是引起了我强烈的共鸣。它深深铭刻在我的脑海里，并随着时间的推移变得越来越强烈，越来越清晰，引起了我越来越多的注意。

热爱历史的我曾设想过下面这些问题：如果古今伟大的统治者们能够"先改变自己"，会怎么样？如果他们能够发现并战胜自己的偏见，会怎么样？如果他们不迁怒于人，不恶语伤人，会怎么样？如果他们能与自己和

谐相处，会怎么样？如果他们都能做到，世界上会少一些战争和暴力吗？

　　然后我问了自己同样的问题："如果我能够先改变自己，会怎么样？"老实说，我想过的很多事情都是关于改变世界，但几乎从未想过要如何成为更好的自己。但如果我真的能够从改变自己做起，会怎么样？如果我学会了如何进行自我掌控，会怎么样？如果我获得了内心的和谐，会怎么样？

　　当然，我还是无法阻止地球上的任何战争或暴行。但如果我能与自己和谐相处，我就可能在自己周围创造和维持各种和谐的关系吧！比如家庭关系、朋友关系、同事关系、邻里关系等等。我想这会是一个好的开始。

寻找合适的工具

　　目标已经确定，我现在已经很清楚自己要去向何处，这让我既兴奋又轻松，现在我需要制订一个计划来引导我抵达自己的目的地。但令人沮丧的是，很多人都在说我们要实现自我掌控，但似乎还没有人能给出一个简洁实用的方案来指导我们的行动。我又想起了之前读到的马可·奥勒留的那句名言："能与自己和谐相处的人，也是这世界中和谐的一分子。"这句话不断在我脑海中萦绕，但此时我想反问一句："好吧，马可，我明白，我也完全赞同，但到底要怎么做呢？"

　　对此我的想法是：编订出一本所谓的心智使用手册，让它来指导和解放我们的生活。因为从我们出生的那一刻起，心智就决定了我们的想法、感受和我们所做的一切，但实际上我们大多数人并不清楚它是如何运作的，也不知道怎么去管理它。

这就像开车一样，如果没有使用手册，我们就不知道仪表盘、指示灯都代表什么意思；如果没有人向你解释，你就不知道如何操控车辆或安全驾驶；如果没有人告诉你发动机需要机油才能工作，你可能要等到车在半路抛锚的时候才会考虑更换机油。

那么，到底要从哪里开始呢？我的答案是从学习心理学、心理治疗和哲学开始。毕竟这些学科主要研究的正是我们心智的组织方式，以及实现自我掌控的方法。但学习这些并不是我的全部，那段时期我还在以极大的热情练习合气道。

虽然武术和心理治疗看起来毫不相关，但它们似乎有一个共同点。我渐渐注意到在这两种技能的训练过程中，我常常展现出趋同的态度或者会采用相同的方法。事实证明，无论是心理治疗还是武术，我都很难将自己局限于任何一种流派。别误会，这并不是因为我不够专注或投入，事实上，我一直在努力地学习心理治疗和武术，也掌握了导师或教练教给我的一切，从未半途而废。但我觉得这还不够，这就是问题所在。所以我会在周末的闲暇时间去学习一些其他的东西，有时我觉得我"背叛"了我的导师和教练。

让我们回到合气道。你知不知道合气道有很多不同的流派？合气道的流派实际上已经超过了 15 种。①我个人当时学习的是所谓的养神会合气道，以硬核或实用著称，就连东京市的警察也会练习它。另外我们的教练也非常出色，他是全国最高级别的大师，教授的课程也很棒，但我无法理解的是为什么我们要对其他流派中一些有趣的招式视而不见。

　　拿我曾痴迷的那些关节技②来举个例子。在我们的武馆中，教练会教我们如果被人抓住了手腕，你可以用 A、B、C 三种方式来保护自己。毫无疑问，这些招式都是有效的，但后来我通过调查了解到，其他合气道流派所教授的内容，实际上还有 D、E、F 这些选项。之后我再次进行调查，想看看韩式合气道、巴西柔术、柔道等其他武术流派会怎么应对这种情况，结果也发现了很多其他适用的招式。当我在做这些调查的时候，感觉自己收集到的选项几乎能占满整个字母表。

　　你可能会问我为什么要那样做，这是因为我觉得如果有多个选项、有多种招式可供选择，我就能更充分地准备，更从容地面对一场格斗。如果某些招式因为某种原因无法奏效，我就可以快速切换到其他招式。比如如果有人抓住你的手，你可以试着将他（或她）的手臂朝某一个方向扭转，如果对手反抗，你可以再朝相反的方向扭转，如果仍不管用，你可以抓住并弯折他（或她）的小拇指，依此类推。

　　我在心理治疗的训练过程中也经历过同样的事情，我很难对其他的心理治疗方法视而不见。例如，我一直是认知行为疗法（cognitive

_____

① 这些流派由合气道创始人植芝盛平的嫡传弟子们所创立。
② 关节技是一种擒拿技，旨在控制对手身体的关节，技术特点是把对手的手指、手腕、脚腕等关节向相反的方向扭转、推拉或者弯折。

behavioral therapy，CBT）的拥趸。它很多方面都很吸引我：疗程短，精确度高，并有大量的实证研究支持，几乎完美无缺。但我还是很好奇其他心理治疗流派都在讲些什么东西，所以我还是对它们进行了研究调查，事实证明，它们确实能够给我提供很多东西。

拿正念干预来举个例子。通过认知行为疗法，你将学会如何辨识和质疑自己的消极想法，分析它们背后的逻辑，发现自己结论中的谬误，考虑其他的观点，等等。相比之下，通过正念干预，你将学会以非评判的方式关注自己的想法和感受（不对自己的想法或感受做出评判）。这两种方法本质上是截然不同的，尽管如此，研究已经证实了这两种方法对心理治疗和自我护理都非常有效。因此我不断问自己，为什么我们要忽略其中的某一种方法呢？

我对心理动力学疗法也很感兴趣。认知行为疗法和正念疗法基本上都是基于"当下"的疗法，这意味着它们虽然能够帮助你解决当下的问题，但并不真正关心你如何或为何会出现这个问题。例如，当你自卑的时候，认知行为疗法和正念疗法会帮助你应对消极思维，但一般情况下它们并不会引导你理解造成你自卑的原因到底是什么。这有时无伤大雅，但有时你可能确实想要再向前走一步，找出问题的根源。比如一个女性可能想了解她为什么会觉得自己缺乏吸引力，还有人可能想弄明白为什么他会拒绝表现出爱和依恋感，这些就是心理动力学疗法的用武之地。心理动力学疗法非常关注我们的过去，特别关注我们过去的经历（比如与父母、伴侣或其他重要人物的关系）是如何塑造出今天的我们的。

心理动力学疗法让我不满意的一点是它真的需要花费好几年的时间来开展，有时看起来像是在刻意挖掘某个人的历史，但我不否认这个疗法的基本原则还是很有道理的。如果你能够了解问题的根源，那就更容易防止它在未来再次出现。比如一个认为自己没有吸引力的女性可能会意识到，她之所以会有这种想法，是因为她的母亲过去常常拿她和其他女孩做比较。一旦认识到这一点，她就可能放下这种自我破坏的信念，并用更宽容的方式对待他人，例如用无条件的爱来对待自己的孩子。

总之，我很难将自己局限于任何一种方法，我忍不住一次又一次地越过它们的界限。我觉得自己总能通过这种方式找到一些有意思、有价值或独特的东西，所以我一直在寻找。

更重要的是，我突然意识到我可以把在不同地方发现的许多很棒的东西结合在一起。仔细看看，来自不同流派的很多方法其实是互补的，可以进行完美的配合。比如认知行为疗法可以和正念干预结合在一起使用，必要的话还可以再加入一些心理动力学的治疗方法。如果某种治疗方法对你或者你的治疗对象很有效，毫无疑问你可以只使用这一种方法，但如果它的效果并不理想，你可以使用其他的方法。

事实上，我并不是第一个考虑这种可能性的人。某天我惊讶地发现，在武术界已经有了所谓的综合格斗（MMA），当我第一次听说它时，它仍然是一项相当边缘的运动。此外，事实证明，在心理治疗领域也有一种所谓的整合疗法（integrative therapy），当我第一次接触它时，它在心理治疗师的圈子中同样也不是很出名。

坦率地说，发现志同道合的人是一种极大的宽慰。我终于可以不用觉得学习其他流派的内容是一种"背叛"行为了，尽情寻找其他的方法也是"合法"的了。你可以向任何人请教，以此来拓宽你的视野，丰富你的技能，甚至创造出一些全新的东西（例如新的心理治疗理论或方法、新的格斗流派等）。

下面我将详细介绍一下整合疗法和综合格斗，让大家简单了解一下它们形成的过程以及流行的原因。也许我讲得不够客观，因为这些年来这两个领域在我脑海中一直交织在一起，但我始终觉得整合疗法和综合格斗有许多有趣的相似之处。

不过在进行下一步之前，我想澄清一点：我提综合格斗只是因为它是一个很好的隐喻，可以帮助你们理解这本书的核心主题。这本书不会教你如何成为一名强悍有力的格斗家，恰恰相反，这是一本关于尊重他人、提倡合作和开放思想的书，它将告诉你如何通过向不同背景的人学习，培养出非凡的自我掌控力。

不要被限制在单一领域

当谈到格斗运动时，总会提起那个由来已久的问题："最厉害的武术是什么？"每一位格斗家都曾多次被朋友、同行或渴望了解情况的新人问过这个问题。到底谁会赢得格斗比赛，是拳击手还是空手道黑带选手？是摔跤选手还是踢拳选手（kickboxer）？是李小龙还是穆罕默德·阿里？

1993 年，柔术选手罗瑞恩·格雷西与商人阿特·戴维、约翰·米利乌斯想彻底解决这场旷日持久的争论，决定设立一项锦标赛，吸引那些来自不同格斗流派的顶级运动员参加，这项比赛被称为终极格斗冠军赛（Ultimate Fighting Championship，UFC），它的目的是回答体育迷们那个经典的问题：世界上最厉害的武术到底是什么？

组织方邀请参赛选手进行直面对决，通过这种全接触、无限制的比赛形式来决出最终的王者。各路格斗高手应邀参加了这项比赛。

第一届终极格斗冠军赛于 1993 年 11 月 12 日在科罗拉多州丹佛市举行，冠军奖金为 5 万美元。这场比赛有 8 名来自不同武术背景的选手参加，包括赛法斗（法式拳击）选手、相扑选手、踢拳选手、美国肯波空手道选手、巴西柔术选手、拳击选手、实战摔跤选手和跆拳道选手。选手们进行一对一较量——一名拳击手对战一名相扑手，一名踢拳选手对战一名空手道选手。这项为期一天的比赛采用单循环淘汰制，每场胜者晋级下一轮，总冠军是当晚赢得所有场次比赛的选手。

本届比赛的总冠军头衔由巴西柔术黑带选手霍伊斯·格雷西摘得，他是终极格斗冠军赛联合创始人罗瑞恩·格雷西的弟弟。这两兄弟是著名的格雷西格斗家族的成员，该家族以创立巴西柔术 ① 而闻名世界。

这里我先来给非武术迷们简单介绍一下巴西柔术。这是一种基于擒拿和地面格斗的格斗类型，要义是用摔法将对手摔倒在地以取得优势身位，并使用各种降伏技（如关节技和锁喉）来制服对手。

一开始并没有人看好霍伊斯·格雷西，因为他看上去是一个身披柔

---

① 巴西柔术又被称为格雷西柔术，由来自巴西的卡洛斯和艾里奥·格雷西两兄弟于 1920 年左右创立。

术衣①的瘦骨嶙峋的家伙，并且他的巴西柔术当时还不为人知。大多数粉丝和专家都预测拳击手或空手道选手这类击打型选手将会主宰比赛，结果他们大错特错。令所有人震惊的是，降伏技被证明是在当晚激战中最有效的技术，霍伊斯有条不紊地击倒了三名对手，迫使他们全部在不到 5 分钟的时间内投降。

这里需要注意的是，在早期的终极格斗冠军赛中还没有出现我们今天熟知的综合格斗。同样，终极格斗冠军赛一开始也只是一场比赛，最初目的是通过不同类型选手的较量来检测他们的实力。总体而言，大多数早期格斗选手都是单维的，他们只是某一特定武术类型的专家，往往只掌握那个类型的格斗技术，如拳击、柔道等。

在那之后，终极格斗冠军赛的创始人举办了多场类似的比赛，然而后来发生的事情却出乎所有人预料：格斗选手们开始借鉴其他武术类型中的有效技术，而不再固守自己单一的风格。一些格斗选手意识到他们的格斗风格过于单一，没法适用于所有的格斗场合，因此他们必须去训练其他类型的格斗技术以保护自己免受对手的攻击。在这种背景下，一种独立的格斗类型逐步发展起来，它就是今天著名的综合格斗。

让我们再回到霍伊斯·格雷西和那个终极格斗冠军赛初创的年代。霍伊斯能够称霸格斗场是因为他是地面格斗的高手，而大多数对手当时都不知道如何对付这类选手。不可否认他们都是伟大的格斗家，都在自己的领域取得过辉煌，但无一例外都被霍伊斯摔倒在地，被迫投降。在

---

① 英文称为 gi，指的是巴西柔术的训练服。

霍伊斯主宰了前五届终极格斗冠军赛之后，他的对手们明确意识到需要改变自己的格斗方式。[①] 许多"站立格斗"选手决定适应和学习巴西柔术的技术，这样他们就不会被霍伊斯这类选手轻松击败。

很多格斗选手选择进行交叉训练，他们不满足于柔术，开始从其他不同的格斗类型中吸取最好的招式以提高自己的实力。纯粹的击打型选手开始练习摔跤，这样他们就可以保持站立，避免被对手摔倒；纯粹的摔跤选手开始学习击打技术，这样既能降伏对手，也可以让对手遭受击打伤害。比如你知道地板拳[②]这一技法是如何被创造出来的吗？它最早是由摔跤选手所采用的，他们将摔法和击打技术结合起来，创造出了所谓的地板拳。

此后，弗兰克·沙姆洛克又将交叉训练提升到一个全新高度。早期弗兰克的大部分训练都基于降伏式摔跤，这意味着他拥有出色的地面格斗技术，但后来他决定学习踢拳，用以提高自己的击打技术。当弗兰克于 1997 年首次亮相终极格斗冠军赛时，他已经精通擒拿技、击打技和各种摔法，此外，他还拥有极佳的身体状态，因为他在之前的训练中加入了大量有氧运动，以保障他在必要的时候能够通宵作战。

事实证明，这种训练的效果非常不错。1997 年，弗兰克成为第一位获得终极格斗冠军赛中量级冠军[③]的选手，之后他又四次卫冕，最后以

---

① 霍伊斯随后赢下了第二届终极格斗冠军赛，他的成功卫冕再次巩固了巴西柔术的统治地位。后来，他又杀入第三届终极格斗冠军赛的决赛，但最终因力竭和脱水而退出。之后，他又赢下了第四届终极格斗冠军赛，并在第五届终极格斗冠军赛的决赛中与对手战成平局。

② 地板拳是一种格斗技术，主要见于综合格斗，使用这种技术的选手会将对手摔倒在垫子上，并于上位对对手进行击打。

③ 终极格斗冠军赛中量级冠军后来更名为轻重量级冠军。

不败冠军的身份退役。

　　弗兰克能够取胜的原因在于他善于适应新情况，并且不断丰富自己的格斗技能。一方面，由于技术多样，弗兰克比其他传统选手更加让人琢磨不透，因此他经常打得对手猝不及防，没有人知道他接下来会如何出招；另一方面，由于弗兰克精通各种类型的格斗技术，他就更善于利用对手的弱点，比如他会把击打型选手摔倒在地，也会迫使摔跤选手和自己进行站立格斗，而选手们对此却几乎无计可施。

　　从那时起，世界各地的运动员都认识到交叉训练是在终极格斗冠军赛中取胜的不二法门。仅仅在一门武术中拥有黑带显然是不够的，从现在开始必须成为一名全面的、多维的选手，必须精通不同的格斗技战术，否则只能被淘汰出局。

　　综合格斗家就此诞生了。终极格斗冠军赛于是略微改变了最初的理念，成了一个举办和推广综合格斗比赛的组织。

　　自此综合格斗变成了一项独立运动。在它成为主流的格斗运动之前，格斗选手们先分别练习不同类型的武术，然后凭直觉将这些技术结合起来；如今，年轻的选手们可以走进综合格斗的训练场，从经验丰富的教练那里一点一滴地开始专门的学习。

　　要学习的东西很多，包括综合格斗独有的技术、特定的训练过程和格斗场景，例如拳击选手和踢拳选手常被教导要抬起双手，因为高位防御姿势有利于阻挡住攻向头部的拳脚；相比之下，大多数综合格斗选手会将双手放得很低，因为这样可以更好地防止被对手摔倒。

　　如果我们回到终极格斗冠军赛初创的年代，然后看看这些年它的发展历程，不难发现这项运动经历了飞速发展。从本质上讲，这一切都始于想要聚集不同类型的武术选手并展示他们格斗技术的初衷。当时很少有人能精通所有类型的格斗技术，大多数选手的技术都是单一的，但随着赛事的发展，现在每一位选手都拥有综合性的格斗技术了。

如今，人们经常将综合格斗描述为世界上发展最快的运动。如果照这个势头发展下去，它可能很快会超越拳击，成为世界上最受关注的格斗运动。在不到三十年的时间里，终极格斗冠军赛从一个不起眼的电视赛事发展成为一个在全球拥有庞大粉丝群的现象级比赛，而这就是最好的证明。2016 年，终极格斗冠军赛专营权以高达 40 亿美元的价格出售，报道称这是职业体育历史上最大的一笔交易。

最后让我们再回到本节开头提出的问题：最厉害的武术是什么？我想终极格斗冠军赛告诉了我们一个残酷的事实，即没有任何一种单一类型的格斗能够傲视群雄。例如，无论你多么精通拳击，但如果你不了解如何保护自己的下三路，而你恰好又与摔跤选手进行比赛，你将会被对手重重摔倒在地，最终被迫投降。同理，摔跤选手的巴西柔术练得再好，如果不知道如何进行站立格斗，而你面对的恰好又是懂得应付摔法且有不错击打能力的对手，你也会被击倒。

总结一下，我的意思是，你可以选择专攻某一个类型的格斗，在格斗场肯定也能用得上，但如果你将自己限制在这个类型，那你不太可能走得很远。

当然你还有另外一个选择，那就是不再认为自己所练习的武术是最厉害的，并做好准备向不同背景的大师们请教学习。如果这样做，你日后的发展将不可限量。

整合疗法：尊重每个人的需求

心理治疗只有短短百年的历史，但据估计已经有超过 400 种心理疗法。我们可以通过以下要素对它们进行定义和分类，即心理疗法的理论模型（心理动力学疗法、认知疗法、人本主义疗法等）、操作形式（个人、家庭、团体）、治疗时长和频率（短期、长期）、治疗方法（直接或间接，是否有指导和家庭作业）、使用的技术（行为实验、提问等）、解决的问题（治疗人格障碍、处理减肥问题）等。

然而主流的疗法并不多，下面我列出了一些常见的心理治疗类型、流派或方向。同时，许多个体治疗也可以参照下面的内容开展。

理论模型	内容简介	疗法示例
认知疗法 （cognitive therapy）	认知疗法用于识别和修复功能紊乱的思维，主要用于处理消极想法和消极信念	•认知行为疗法 •理性情绪行为疗法
行为疗法 （behavioural therapy）	行为疗法旨在改变引发痛苦的行为；通常用于帮助个体克服对特定情景的恐惧，例如对封闭空间的恐惧等	•暴露疗法 •厌恶疗法
心理动力学疗法 （psychodynamic therapy）	回顾某人过去的经历（事件、关系），分析它如何不知不觉地影响个体现在的感受、思想和行为	•弗洛伊德精神分析法 •心理动力学家庭疗法 •短期心理动力学疗法
人本主义疗法 （humanistic therapy）	人本主义疗法的关注点是人的潜能和自我发现，旨在通过构建强烈的自我意识、探索自我优势、寻找存在意义等方式，帮助个体充分发挥自己的潜能	•患者中心疗法 •存在主义疗法

（续表）

理论模型	内容简介	疗法示例
正念疗法 (mindfulness-based approaches)	正念疗法引导个体将关注点放在当下，并且培养正念，即接受自己的想法和感受而不加以评判	• 正念认知疗法 • 接纳承诺疗法
人际关系疗法 (interpersonal therapy)	人际关系疗法用于解决人际关系问题，帮助个体培养各种社交技能，更有效地与他人开展沟通和交流	• 动态人际疗法

　　在 20 世纪的大部分时间里，心理治疗领域被几个单一的流派所主导，治疗师接受某一传统治疗（如精神分析或行为主义）的训练，然后在其理论框架内开展治疗实践。

　　在这段时期里，各个流派也在进行着激烈的较量。和那些好奇的格斗家一样，针对他们自己的领域，心理治疗师们也提出了类似的问题：最好的疗法是什么？什么样的方法会更有效？西格蒙德·弗洛伊德和 B. F. 斯金纳谁更厉害？

　　每个人都声称自己找到了最好的治疗方法，心理治疗师们严格地遵循着自己流派的治疗传统，同时强烈地质疑着其他流派的同行们。这一切都基于"我的流派比你的好""我的老师比你的更渊博""我知道的东西比你多"这样的理念。

　　有趣的是，当精神分析仍是心理治疗唯一选择的时代，弗洛伊德竟然与自己的学生发生了观念上的冲突。等到行为主义出现以后，行为主义心理学家开始与精神分析学家角力。不久，行为主义心理学家、人本主义心理学家和认知心理学家又展开了激烈的三家争论，而他们三家的观点又都与精神分析学家相左。

如果你多看几篇 20 世纪六七十年代的学术论文，你会发现很多文章都遵循着一个非常明显的套路：用第一段来讨论某些心理治疗流派是如何理解和解决某个问题的，剩下的篇幅都用来抨击这个流派，指出它是如何如何荒唐，以及换用其他流派的治疗方法有什么优势。

我认为，如果那些治疗师能够在"八角笼"（综合格斗的擂台）中用一场真正的格斗来解决他们之间的争端，也许很多人会这样做。如果这样的情景变成现实，我们可能会在决赛中看到弗洛伊德对战荣格，罗杰斯对战斯金纳，或者贝克对战艾利斯。①

这听起来可能有些暴力，但从另一个角度看，至少这样很快就能一决胜负，对吧？

所幸这样的格斗并没有真正发生，也没人为此受伤流血。大约在 20 世纪 80 年代初，情况开始发生变化，慢慢进入所谓的整合时期。那时越来越多的心理治疗师开始对其他疗法的实际效果表现出极大的兴趣（尤其是当越来越多的实证性研究论文开始出现时）。此外，一些心理治疗师也越来越愿意从其他疗法中汲取思想或技术，用以服务自己的治疗实践。心理治疗中所谓的"整合运动"就此兴起。

这一切都始于一场同行之间的非正式会谈。20 世纪 80 年代初，马尔文·古德弗雷德（认知行为主义心理学家）和保罗·瓦赫特尔（精神

① 弗洛伊德是精神分析疗法的创始人。卡尔·荣格是一名精神分析学家，他创立了一种新的精神分析疗法，名为分析心理学。伯尔赫斯·弗雷德里克·斯金纳是行为主义学派的主要理论家之一。卡尔·罗杰斯是人本主义方法和个人中心疗法的创始人。亚伦·贝克是认知学派的创始人之一，也是认知行为疗法的开创者。阿尔伯特·艾利斯是认知学派的代表，首创了理性情绪行为疗法。

分析学家）开始偶尔会面，讨论当时现有疗法之间的异同，并探讨是否可能将其中一些疗法整合起来。在马尔文搬到纽约之后，他俩开始经常共进午餐，两人时常兴致盎然地在餐厅里开展讨论，能从餐桌旁讨论到餐厅外的人行道上。这两位来自对立阵营的心理治疗师经常发现午餐已经吃完，但要谈的事情还没有谈完，于是他们又开始约在一起吃晚饭，但这还是不够，马尔文和保罗经常谈到餐厅打烊，谈到最后被人赶出来。一两年之后，他俩决定采取一些更正式、更专业的方法来让他们的想法落地。

他俩通过自己的专业网络，整理出一份可能对整合疗法感兴趣的同行的名单。事实证明，他们确实找到了不少志同道合的人，名单上的人员很快增加到了 162 个。名单上的所有人都同意建立一个正式组织来促进成员之间的联系，于是在 1983 年，心理治疗整合探索协会成立了。

该协会的主要目标是为不同背景的心理治疗研究人员和从业人员创造出一个进行公开对话和学术交流的平台。当时，不同疗法流派之间竞争依然激烈，许多心理协会对整合的想法持有相当消极的态度。在近期接受采访时，马尔文回忆称，20 世纪 80 年代初担任行为治疗促进协会主席的特里·威尔逊在一场演讲中花了很大篇幅谈论马尔文的研究，并声称"马尔文的想法糟糕透顶"。马尔文当时也在现场，他和同事们尴尬地坐在下面，十分后悔自己出席了这样一个令人难堪的场合。

除此之外，心理治疗整合探索协会的任务当然是进一步探索心理治疗中的整合问题。协会中一些成员明确表示自己曾经（并且现在仍然）遵循某一心理治疗流派的传统，但也承认其他疗法确有可取之处；另一些成员则在兴致勃勃地发掘不同疗法之间的共性因素[①]，寻找将现有各种疗法整合在一起的途径；还有一些专家提出了一项更加宏伟的计划——创立一种全新的、更为全面的疗法。

需要注意的是，当时整合疗法还未诞生，很少有人真正了解整合的意义，但似乎每个人的方向都很明确：结合并优化现有心理疗法。

整合运动能够迅速在研究人员和心理治疗从业者中流行的原因有很多。我将讨论其中两个重要因素。

第一，人们一致认为没有任何一个心理治疗流派能够全面解决所有问题、满足各类患者的需求，或者应对各种不同的情况。许多治疗师逐渐意识到自己最初遵循的流派所提供的治疗方法具有局限性，不足以应对某些治疗场景，因此，许多专业人士决定越过流派的理论界限，看看能从其他流派的大师那里学到些什么。为了提高自己治疗技术的效果和适用性，他们选择了整合。

第二，一些社会经济因素也推动了整合的趋势。在许多西方国家，例如美国，至少有一部分心理治疗费用会由保险公司承保。因此保险公司自然愿意寻求那些经济高效的心理治疗方案，没有一家保险公司愿意为疗程过长或缺乏实证研究支持的疗法买单。简而言之，商业的需求在某种程度上反映到了市场，即从现在开始，短期的、问题导向的实证性疗法更受青睐，而类似于心理动力学[②]和人本主义这样的治疗方法则遭

---

① 共性因素是指那些贯穿各种疗法并能确保满意治疗效果的因素或者过程，例如"治疗联盟"，它指的是治疗师和治疗对象共同建立起的相互信任与配合的关系，而这是所有心理治疗的关键环节。

② 心理动力学疗法因疗程过长而广受诟病。

受了严重挑战。治疗师们基本只有以下两个选项：要么固守自己的流派，接受几乎无人问津的事实，最终落后于自己的同行；要么去学习其他的治疗方法来提高自己的技术和服务，缩短治疗时长，通过这种方式争取行业中的一席之地。很明显，更多人选择了后者。

正如你所料，整合疗法很快就成为一个独立的心理治疗流派。一些研究人员发展了相关概念，并阐释了"整合"的内涵；其他人则提出了整合疗法的实施方案。越来越多的治疗师表现出对整合疗法的极大兴趣，渴望接受相关的培训。当时许多大学在认知行为疗法或心理动力学疗法这些传统心理咨询课程的基础上也增设了整合疗法的研究生课程。

在不到二十年的时间里，整合疗法成了世界上最普及的心理治疗和心理咨询类型之一。据调查统计，不同国家中认为自己是整合治疗师的人员占心理治疗师的比例最低保持在20%左右，最高则突破了50%。1999年，霍兰德斯和麦克劳德对来自英国各个专业协会的300多名心理咨询师和治疗师进行了一项调查。结果显示，多达87%的受访者表示他们会采用多种治疗方法，近一半（49%）的受访者将自己明确定义为整合治疗师，表示会有意使用多种心理干预策略，另有38%的受访者表示自己是"隐性的"整合治疗师，即他们仍固守单一的心理治疗流派，但也承认自己的治疗实践能从其他流派中获益。

那么到底什么是整合疗法呢？顾名思义，它是一种整合或结合了不同疗法要素的治疗形式。治疗技术、治疗方法和治疗概念都可以被整合起来。整合治疗师基本上可以自由地选择心理治疗领域最有效的治疗技术来满足治疗对象的需求或者解决他们的问题。在适当的情况下，认知技术、正念练习、冥想练习、心理动力学技术和其他任何科学的工具都可以成为治疗师的选项。

简单地说，整合疗法就好比心理治疗领域的综合格斗。就像综合格斗家使用多种格斗技术一样，在必要的时候，整合治疗师也会在他们的实践中使用多种治疗技术。

整合疗法的中心原则是：没有任何一种单一的治疗技术是万能药。虽然研究证实了许多治疗技术的有效性，然而在实践中，单一的治疗技术并不能满足每个患者的需求。某个疗法也许对你非常有效，但它不一定对其他人同样奏效。对此的一种解释是每个人都是独一无二的，人们的基因构造、问题和背景都各不相同，因此一些治疗技术可能对某些人有效，但对其他人并不那么管用。

整合疗法的第二个重要原则是：相对于单一的治疗技术，多种技术的结合可以发挥最佳效果。大多数整合主义者认为依赖于一种治疗技术太过局限，你可以从某个流派中学到一些不错的技术，但你永远不知道在你下一次治疗实践中它们是否依然够用。当然你也有另外一个选择，那就是成为一名技术全面的专家，如果你拥有多样化的技术，就能够设计出一种广泛适用于各种人群和治疗场景的疗法。

这一理念使整合疗法成为最灵活、适应性和包容性最强的治疗方法（与传统的、单一的治疗形式相比）。如果在治疗过程中出现了计划以外的情况，整合治疗师可以快速切换到其他的治疗技术，尝试其他的治疗方法，充分发挥整合疗法所独有的灵活性和适应性。此外，整合治疗师也可以满足你多种多样的治疗需求，充分发挥整合疗法的包容性。例如，他们可能在帮你解决人际关系问题的同时也在处理你面对的慢性压力问题。想知道如何克服恐惧症？没问题，他们能帮你做到。还想讨论一些有关精神或存在的问题，比如生命的意义？不用担心，他们也有办法满足你的需要。

从本质上讲，整合治疗师所做的就是根据每个人特定的需求或关注点为他（或她）量身定制出一套治疗方案，而不是将某种特定的治疗方案强加在每个人身上。下面我来简要说说它的实施程序：首先，治疗师会仔细评估你的个人特征，如年龄、性格、文化背景、需求和问题，以确定最适合你的治疗技术组合；然后，治疗师会综合以上信息，设计出针对你个人需求和问题的定制化治疗方案。值得注意的是，因为治疗方案是专门针对每个治疗对象的情况而设计的，所以各不相同。

金字塔模型的理论体系

就像没有完全相同的综合格斗家一样，也不存在完全一样的整合治疗师，尽管我在前文中表示整合治疗师在总体思路和指导原则方面具有共性，但在训练计划、对治疗技术的选择等方面仍然保持差异。事实上，一切运动或学术领域都存在意见分歧。

就我而言，我将自己定义为一名研究型整合治疗师，这意味着我不仅对应用多种心理治疗技术感兴趣，而且喜欢发展新的理论体系，这个理论体系主要为整合性心理治疗或自我护理提供一些原则和更为明确的指导。如果一个理论体系足够清晰和连贯，你就知道该做什么、如何做、何时做以及为什么要这样做，而不至于在不同的治疗方法中迷失自我。

此外，我发现这个理论体系也可以帮助我们理解一些理论性问题，比如我们的大脑如何运作，什么塑造了我们的性格，什么保障了我们的心理健康，什么导致了我们的心理问题，甚至还包括一些哲学问题（例如人类是否拥有自由意志[①]），我坚信自我了解或自我认知本身就具有治疗功效。记得当我还是一名本科生时，每当学到一些关于大脑运作方式的知识，我总会有所顿悟，从那以后，我在面对压力时就更容易保持冷静并积极面对。

我并不打算把两个或更多的理论单纯地拼贴在一起，我更乐意保留一些主要心理治疗流派中最有价值的见解、概念或者方法，同时不断创造出一些新的东西。

在本书中我就将提出这样一个整合性理论体系，我称之为金字塔模型。整合疗法丰富多彩，所谓的金字塔模型也只是它众多样貌之一。

金字塔模型由相互关联的六个部分组成，分别负责六个重点心理机能，即理智、信念、记忆、情绪、言语和行为。（心智的）每个部分都对你的人格塑造、身心健康、人际关系和日常表现具有独特的影响。

[①] 参见弗拉德·贝利亚夫斯基，《自由、责任和疗法》，纽约：帕格雷夫·麦克米兰出版社（Palgrave Macmillan），2020。

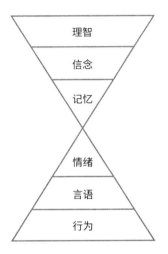

　　世界上确实存在行之有效的方法或行动指南，告诉我们应该如何有效地管理我们心智的每个部分，不幸的是，大多数人都不了解这些，因此，我们开展自我管理时常常会犯下一些"心理错误"，这些错误往往会把我们引向错误的方向，并导致我们在日常表现、身心健康和人际关系方面出现各种问题。

　　金字塔模型告诉我们，一定要全面优化心智的这六个方面，因为这样我们才能获得真正的健康和幸福，保持最佳状态。换句话说，我们应该采取整合性或整体性方法来引导我们的内心世界。

本书内容概要

- 在前言部分，我介绍了一些背景信息，你会了解什么是整合性心理治疗（integrative psychotherapy），它是如何与金字塔模型建立起联系的，我为何要写这本书，以及为什么书中有时会出现有关格斗运动的隐喻，等等。

- 在第一章，我将介绍和解释金字塔模型，我们将了解到一些科学的概念和术语，这会帮助我们更好地理解金字塔模型的组织架构。在这一章我们还将深入讨论心理学前沿理论和神经科学，并分享一些有趣的案例和研究。

- 在第二章和第三章，我将介绍发挥心智最佳功能的方法，其中每章都对应了一个特定的心智层级。我将重点阐述那些阻碍你进步的因素，并提出可行的策略帮助你进行自我管理和自我提升。这两章为那些想要培养自我掌控能力的人提供了一个全面的、科学的训练计划，帮助他们拥有健康、自信、快乐和成功的人生。

- 在第四章，我们将了解如何在真实生活场景中使用金字塔模型，并学习一些自我护理的技巧。

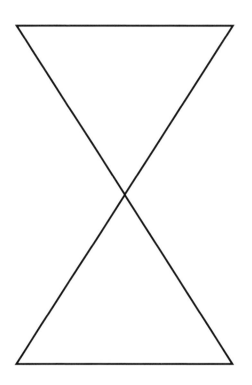

第一章

金字塔模型

I
金字塔模型的来源

科学家们公认，大脑是人类生理结构中最复杂的部分。大脑的某些区域可能承担着多项功能，例如思考、言语、行为、记忆和运动等等。此外，一些区域在特定情况下还能够实现角色变化。例如当一个人遭遇了脑部创伤，他的大脑会努力实现代偿功能，去适应新的状态。

因为人类大脑极其复杂，人们也就千方百计想要找出一些简化的模型，去解释心智的组织形式，特别是那些心理学家，他们常常会提出一些隐喻、图解或者简化的表征来帮助大众以直观且实际的方式进行自我了解、开展自我护理或达到某种治疗的目的，而这比使用磁共振成像（MRI）进行脑部扫描要容易得多。

在本书中，我计划采用双金字塔的结构去理解我们的心智。这种金字塔模型包含了六个相互关联的层级，即理智、信念、记忆、情绪、言语和行为。

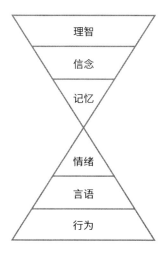

我个人把心智功能大体划分为六大核心主题。从神经科学的角度来看，这种划分方式并不准确，因为这并不是大脑实际的样子，不过它确实能够帮助我们实现特定的目的——清晰地呈现大脑的运作方式。

为清楚起见，让我简要地介绍一下这个金字塔模型的各个层级。

1. 理智（又名意识思维）——理智负责实现高级心理机能，例如注意力、感知、意识、批判性思维、计划制订、决策、自控力等。意识思维同一切意识行为息息相关，例如拨打电话、计算、安排周末活动或学习瑜伽。

2. 信念（信念系统）——这个层级包含你对自己和世界的信念与知识，你可以把它看作大脑中一个大型的文档系统。此外，这个信念系统能够让你自动地解读和评判发生的各种事件。你可以通过自我对话、背景思维，或在脑海中不时随机闪现的自动思维等方式去体会这个过程。

3. 记忆——它储藏着你对往事的记忆。回想今天早饭你吃了什么、毕业那天发生了什么或者你第一次开车的场景等等，都属于这个层级。

4. 情绪——这个层级包含了你的各种情绪、先天的情绪反应（例如急性应激反应）、后天习得性情绪反应（例如恐惧、情绪链）和欲望冲动。这个情绪系统赋予我们人生丰富多样的情绪，让我们体会到欢乐、惊讶、恐惧、哀伤、愤怒等等。

5. 言语——这里包含着你的言语习惯，它使你能够与别人进行言语交流，例如发声、讲故事等等。

6. 行为——这里存储着你所有的运动习惯。所谓习惯，指的是那些反复的、自动的、不刻意思索的行为，包括早晨几点起床、吃什么早餐、穿什么衣服、怎样走路、怎样坐立、多久看一次手机等等。

双金字塔

你可能会问，我为什么要把双金字塔当作我们的理论模型，对此我给出以下三点原因：

1. 内部观察视角：意识与无意识。当你把自己的心智作为思考对象，即开始内省或者审视自己的想法、情绪、记忆等时，你会发现有些信息更加清晰，更容易被你捕捉到，而有些信息则有些模糊和隐晦。简单地说，这是因为理论模型的顶部金字塔包含了那些更清晰、更容易被我们意识到的心智层级，而底部金字塔包含的大多是不容易被我们意识到的部分（详见第 2 节）。

2. 外部观察视角：可见性与隐蔽性。如果你想更好地了解别人，那就去留意他的行为和他表达自我的方式等，这时你就会再一次意识到并非所有信息都能被你无差别地捕捉到。但这一次情况恰恰相反：当我们观察别人时，底部金字塔的那些层级会更明显，更容易被我们察觉到，而顶部金字塔的层级大多显得比较隐蔽。

我来举个例子：我们可以很清楚地观察到别人的行为，我们也能够听到他们讲话，当别人表现出高兴、难过、惊恐、气愤这样强烈的情绪时我们也能够感知到，即便他们试图压抑或隐藏这些情绪也无济于事。

相较之下，若从外部观察，顶部金字塔的层级会显得更加隐晦，比如，我们看不到别人的记忆，以及他们生活中经历的那些事情，我们也看不到他们的知识和信仰。即使我们能够察觉到他们正在思考某事，有时还能做出有理有据的猜测，甚至能够猜中几次，但我们仍然无法百分之百地确认他们到底在思考些什么。

3. 心理健康的不同维度：在双金字塔理论模型的指导下，训练有素的整合治疗师能够关照到心理健康的多个层级和维度（关于整合疗法详见前言部分），对治疗对象的认知、情绪和行为做通盘考虑。换句话说，治疗师会考虑治疗对象的思考方式、感觉体会和行为方式，而认知、情绪和行为恰恰是影响我们心理健康的最重要因素。

总之，当我们采用双金字塔模型时，我们就可以发现心理健康的不同维度。顶部的金字塔包含了心理健康的认知维度，这是因为顶部金字塔所涉及的那些心智层级大多具有认知属性，例如我们的理智（意识思维）、信念和记忆；相比之下，底部的金字塔涉及了两个更深层次的心智层级，即情绪层级和行为层级（行为层级包含了言语习惯和运动习惯两方面）。

选用双金字塔作为理论模型还基于其他两点原因，那些和我一样偏爱使用象征手法的人可能会对这两点特别感兴趣。

1. 对立统一。这两个金字塔象征了对立统一的理念，十分类似于中国的阴阳符号。简而言之，阴阳的概念指的是两个表面上相反或者相对立的力量实际上相互联系、相互补充。"阴"通常被看作是女性、黑暗和被动的特征，而"阳"则被认为是男性、光明和主动的象征。虽然它们互为矛盾的对立面，实际上是密不可分的。两者因为差异而相互吸引，当它们开始相互作用的时候，就开始了互补和调和。在这个过程中，它们实现了完整和统一，并且创造了一个动态系统。这个系统比单纯拼接在一起的"部件"要更加强大。最终，阴阳这两股力量在相互作用下产生了和谐，创造出万物。

现在我们再回到金字塔模型。从象征的角度来看，上下拼接的两个金字塔通常被认为是两股相互对立的力量，人们认为它们象征了大地与天空、男人与女人等，认为整体的结构象征了对立面的和谐统一（参见卢浮宫倒金字塔形天窗①的例证）。

在这个模型中我们还可以识别出一组相互对立的结构：理智（位于

---

① 卢浮宫倒金字塔形天窗位于法国巴黎卢浮宫博物馆。这是一个玻璃制成的巨大的倒金字塔形天窗，在其正下方的地面上还立着一个小型的石质金字塔，两个金字塔的顶点几乎相接。卢浮宫倒金字塔形天窗在丹·布朗的全球热销小说《达·芬奇密码》中扮演了重要角色，书里的主人公将倒金字塔破解为象征女性的"圣杯"，将石质金字塔解读为象征男性的刀刃，整个结构被认为象征了两性的和谐统一。

顶部金字塔的首层）和情绪（位于底部金字塔的首层）。一谈到心智和神经科学，研究人员通常会想到大脑中这一组对立的结构：理智（即大脑前额叶皮质）和情绪（大脑边缘系统，包含杏仁核）。两者常常相互竞争，争夺对于人类行为的控制权：理智是自控力和逻辑的源头，而情绪催生出快速和冲动的反应（例如急性应激反应）；然而，这两者也彼此高度依存，它们对于我们的生存和日常生活来说都是必不可少的。无论是逻辑思维还是情绪，缺少任何一方我们的生活都会变成一团糟。

总而言之，我认为，人们只要学会使用这一组结构，学会利用这一对金字塔，就能实现内心和谐，这种和谐又会让更多美好的事情发生：首先，也是最重要的一点，它能够给你带来心理健康和幸福感。如果你能把你内心世界的每个角落都关照好，无一遗漏，你自然会受益无穷。其次，它还能带来许多其他好处：你可能会体会到一种强烈的愿望，一种创造出全新的、美好的、有用的事物的愿望；你也可能想要去和别人沟通交往，建立和保持良好的人际关系；你还可能想要去维持和改善你的生活，拒绝压抑它或者摧毁它。简而言之，当你达到内心和谐的状态时，你也就自然而然地想要去将这种和谐延伸到你的物质世界中。

2. 无限缩影。再完整地看一眼这个双金字塔模型，不要把它分割成两部分，你可能会发现这个结构形似数字 8，在数学领域它通常象征着无穷大。虽然理论上我们可以对大脑进行扫描，借此揭示和描述其中所有的进程，然而有时我更喜欢将它看作一个独立且独特的世界，一个世界的缩影，它无穷无尽、丰富多彩，它不断成长、不断扩展，如同我们的物质世界。

在后面几个章节我们将继续探索金字塔模型，详细阐释不同心智层级之间的关系，希望能够帮助你更好地理解心智的构成，了解你的内心世界。在此之后，我们将继续探讨一些更加实际的问题，帮助你了解如何更好地利用金字塔模型的各个层级，提升心理健康水平、个人状态以及幸福感。

▼

小结

———

- 我们将金字塔模型作为理论体系和操作模型，它会帮助我们更好地了解心智的组织方式，明确整合性自我护理的训练方法。

- 金字塔模型包含了六个层级，涵盖了心理机能以及心理健康的各个重要方面，包括理智、信念、记忆、情绪、言语和行为。

- 每一个心智层级都以自己独特的方式影响着你的人格、身心健康、人际关系以及日常表现。

2
大脑记忆决定心智

我们心智和人格中的很大一部分与记忆有关。试想一下，如果你失去记忆，生活将会变成什么样子。你可能忘记自己的身份，忘记自己的好恶，忘记昨日的行为或者明天的计划，忘记怎么穿衣服、如何走路，甚至连眼前这本书都无法读懂，你可能都不明白当初为什么要选择阅读这本书。

很多人认为人类的记忆是铁板一块，好像一个大盒子或者一间储藏室，你先把东西储藏在里面，需要时再提取出来。然而这并非记忆真正的工作机制，实际上大脑中有很多这样的"盒子"，换句话说，有很多负责存储记忆的区域。实际上，记忆也可被划分为许多种类，这一点是神经科学领域最重要的发现之一。例如，你的知识，即有关事实和你对这个世界信念的记忆被存储在大脑的某个区域中；你的习惯，即如何执行日常行为的记忆被存储在其他的区域中；你对往事的记忆也由另外的区域负责存储。

我们再来看一看金字塔模型，不难发现其中的每个层级都对应了某种特定的记忆类型。不过在我展开有关论述之前，我需要先澄清一下，金字塔模型并不局限于记忆，模型的每个层级都涉及多种认知功能和进程，记忆只是其中的一个方面。例如理智就涵盖了分析思维、自控力、注意力和意识等等。

值得一提的是，这些不同记忆的类型具有本质上的差别，它们的形成机制和服务目的各不相同，这也就意味着我们需要使用不同的工具或者技术去分析其中每一种类型。

在这一节我们会讲解不同记忆类型的本质，随后我们将会讨论应该采用何种方法去改变我们的行为，提升我们的健康和幸福感。正如美国诗人约翰·兰卡斯特·斯波尔丁所说："记忆可能是我们不会被驱逐出的天堂，也可能是我们无法逃离的地狱。"话不多说，让我们马上踏上这段记忆之旅吧。

工作记忆

首先，我们来区分一下短时记忆和长时记忆。短时记忆指的是能够在脑海中存储少量信息，并且在短时间内保持和使用这些信息的能力；相比之下，长时记忆存储的信息更加丰富多样，而且留存的时间更长。

有关内容我将在后文中详细阐述，不过现在，我们先来看看短时记忆和长时记忆在金字塔模型中的位置（见下图）。

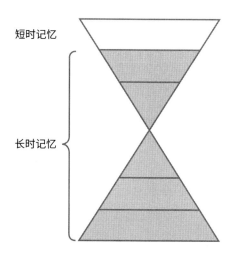

短时记忆

长时记忆

这里我再补充另外一个概念，叫作工作记忆。工作记忆指在短时间内存储和处理信息的能力。它将信息保存在适当的位置，方便你快速处理，而不至于忘记手头正在做的事情。

工作记忆和短时记忆这两个术语的使用有时是可以互通的，但尽管这两个概念有很多重合之处，实质上它们并不完全是一回事。短时记忆仅指对信息短期的、暂时的存储，而工作记忆不仅包含短时间内对信息的存储，还包括对信息的处理、使用和操纵。按照当代研究人员的惯例，我在本书中主要探讨的也是工作记忆，而不局限于短时记忆。

工作记忆的特征

外显性 （又称意识性）	工作记忆保留的是那些正处于我们意识中或者我们正在思考的信息
短期性	工作记忆能够保留信息的时长在 15~30 秒。如果你不采取积极的方法（例如在心里重复）在脑海中保留某些信息，很快就会忘得一干二净。你有没有这样的经历：一个人刚刚被介绍给你，你就忘记了他的名字。就是因为这条信息从你的工作记忆中悄悄溜走了，也许你一开始就没有关注那个人的名字，或者是有什么东西分散了你的注意力
容量有限性	工作记忆能够存储的信息是有限的。工作记忆到底可以存储多少字节的信息？尽管确切的数量在研究者之间还存在争议，但大家普遍认为，工作记忆一次只能保存 5~9 条信息，可以是数字、单词、想法或其他类型的信息。例如，对大多数人来说，通过心算算出 523×798 的结果是非常困难的，这是因为计算要求在大脑中同时保留的信息量超过了大部分人工作记忆的容量
积极主动性	工作记忆不仅能够存储信息，还可以帮你处理、操纵和转换信息。例如当你与别人说话时，你不仅可以记住别人刚刚说的话，同时也能够分析它，把它与你知道的信息联系起来

一些有关工作记忆的例子

- 记住刚刚介绍给你的人的名字。

- 当你想找支笔写下刚刚告诉你的电话号码（或密码、地址、约会日期）时，在心里先记下它。

- 在别人说完话之后仍记得你自己想说的话。

- 记住别人提出的问题，同时思考并给出答案。

- 记住你需要在超市购买的货品的清单。

- 看完食谱几分钟后仍记得需要加入食材的确切数量（例如 3 个土豆、200 克奶酪、2 匙面粉）。

- 刚读完了几段文字，翻页后仍记得这几段文字的内容。

- 记住包含多个环节的方向提示并按照提示走下去（例如"沿着路一直走，在十字路口左转，走过电影院"）。
- 在餐馆心算账单时记得你点的菜品数量和菜品单价。

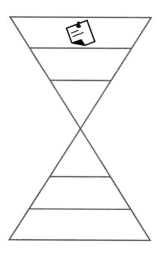

你可以把工作记忆想象成大脑中的一块画板或便笺，如果你没有办法借助任何外部工具（比如一部电话或一张纸）来记录信息，那么你只能依赖于你的工作记忆。

你也可能会注意到工作记忆服务的是那些当下重要的事情，而不是明天或者未来的事情。工作记忆通常会保留必要的信息，帮助你完成当下的某个任务，例如当你在做某件事或执行某个任务时，你的大脑会随时为你提供相关有用的信息。

工作记忆在我们的心理活动中扮演着重要的角色，它帮助我们学习和完成一切基本任务，例如阅读、推理、做计划、做选择、做心算、理解复杂问题、与别人开展对话、指导你的行为等等。

以阅读为例，当你阅读某句话时，你可以记住刚才读过的内容，把它带入到本章其余部分更广阔的语境中。再比如做心算，假如不能依靠纸笔或者计算器而需要在大脑中计算出 14+15 的结果。最开始你需要把这两个数字保留到你的工作记忆中，然后需要从长时记忆中提取解答这道数学题所需要的知识，即基本的算术法则——特别是加法法则，把这些知识或信息带入工作记忆，之后你就可以完成计算并得出正确的结果——29，当然这个结果也需要你暂时记住。

总而言之，工作记忆首先能够让你在脑海中想象出或者"看到"14 和 15 这两个数字，然后它可以让你在一段时间内记住"29"这个正确的答案，这样你就可以把它写下来或再用于其他操作。

你可能会在 5 分钟甚至 30 秒内忘记这些数字，这也没什么关系，因为你已经完成了任务，你的工作记忆已经成功发挥了它的短期作用，你可以继续处理其他任务了。

这里我需要再次明确，工作记忆是一种暂时的、短期的信息存储，它也在不断更新——新的信息不断出现又迅速衰减，很快被其他信息所取代。如果信息从工作记忆中消失，那它将永远消失，无法恢复。事实上这就是工作记忆中大部分内容每天都在经历的事情——它们最终被丢到你的"心理垃圾桶"中。

既然提到了短时记忆，那就是说我们还有另一种选择——长时记忆，它可以将信息保留更长的时间。前面提到的工作记忆就是进入所谓的长时记忆的一个途径，如果你有意识地努力去记住一些东西，你就可以将工作记忆中的信息转移到你的长时记忆中，例如你可以通过多遍重复的方法让记忆变得持久。

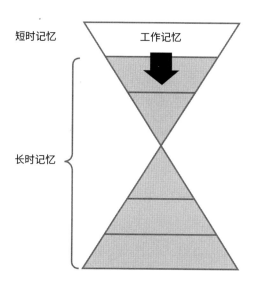

长时记忆

长时记忆是指对信息长时间的存储。倘若我们每天接触的信息没有被转移到我们的长时记忆（即我们的"存储体"）中，它们中的大部分都会从大脑中消失。

一般而言，那些出现在好几分钟前但你依然能够记得的信息都属于长时记忆。长时记忆能够让你回想起几天、几个月、几年甚至几十年前就存储在你脑中的信息。

长时记忆的特征

持久性 / 长期性	长时记忆的特征在于虽然可能被遗忘，但相对持久。长时记忆可以保留几天、几年甚至一辈子，例如你可能会想起昨天早餐吃了什么以及童年时期从自行车上摔下来的感觉
无意识性	与工作记忆不同，长时记忆游离在你的意识之外。如果你无须回忆一些事情，那你通常不会意识到存储在自己长时记忆中的信息，但在需要这些信息的时候，长时记忆（至少其中一部分）可以被唤醒并被带入你的意识，即进入你的工作记忆

眼下你可能没有在考虑昨天中午吃了什么或者你今天早上几点醒来这些问题，但如果别人问到，你将能够读取这些记忆并将它们带入你的自觉意识。同理，你也不会总在思考语法规则、下周计划或者网银应用的使用方法，但你可以根据需求有意识地检索这些信息，这好比你可以访问某个存有信息的文件夹并检索你想要的东西——无论是你的出生年份、现任美国总统的名字还是晚上与朋友见面的时间。

然而值得一提的是，长时记忆也会体现出内部差异：一些记忆相对容易检索，还有一些需要通过提示或者提醒才能回想起来；一些记忆会定期浮现在脑海中，还有一些可能会沉寂多年。

长时记忆具有许多不同的形式。它可以包含你的信念和知识、个人生活的情景以及一些更加隐秘的信息，比如完成某项任务的方法或者需要当心的事情。

心理学家普遍认为，长时记忆可以分为以下四种主要类型：

长时记忆	1. 语义记忆（知识） 2. 情景记忆（往事） 3. 情绪记忆（情绪联想） 4. 程序性记忆（习惯）

上述每种记忆类型在金字塔模型中都有自己的一席之地（见下图），在后文我们将逐个进行阐释和讨论。

请注意，我将程序性记忆细分为两种类型——程序性运动记忆（运动习惯）和程序性言语记忆（言语习惯），这是与传统分类法相比唯一的区别。

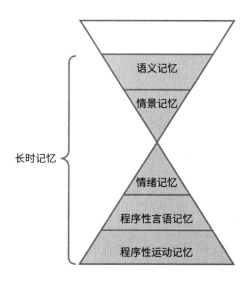

长时记忆
语义记忆
情景记忆
情绪记忆
程序性言语记忆
程序性运动记忆

情景记忆

情景记忆是有关你过去经历过的特定事件、情景或情形的记忆，例如你第一次开车的情景。

事实上，大多数人在使用或听到"记忆"这个词时想到的就是情景记忆，所以为了简单起见，我在谈论这一层级时也会使用"记忆"这个通用术语。

情景记忆包括你自己的视觉感知（因为这些事发生在你身上而非别人身上）、背景信息（时间、地点）和经历，另外通常还有与这件事相关的情绪（它让你感受如何）。当你回忆起任何情景时，感觉就像回到了过去，重温昔日的时光。

想象一下，你在街上撞到了一个陌生人，你瞥了他一眼并道了歉，然后接着走下去，但你没走几步就停了下来，感觉有些东西你很熟悉，你转过身，突然意识到刚才那人是你的老同学鲍勃，这时你很快就会大喊一声："嘿，伙计！"然后你俩约着一起去了咖啡馆，花了几个小时回忆在学校的美好时光。

情景记忆的例子

• 回想你今天早上做的事。

• 回想你的初吻。

• 回想你上班的第一天。

• 回想自己是如何度过上一个假期的。

• 回想你前任的脸庞。

• 回想自己把钥匙放在了何处。

• 回想去年谁来参加了你的生日派对。

• 回想最喜欢的球队赢得冠军时你的感受。

• 回想上次你感到快乐的时候。

• 回想抚摸朋友的宠物狗时的感觉。

- 回想你第一次读到这本书的情景。

- 在梦中回想起上学时被老师叫起来回答问题，自己却毫无准备的情景。

- 你在一家亚洲风味餐厅里看菜单时，突然回想起自己前段时间在另一个地方品尝美味冬阴功汤的情景。

- 往事的闪回（例如电影中的一个军事场景会让一个老兵不自觉地回想起他在战场上死去的战友）。

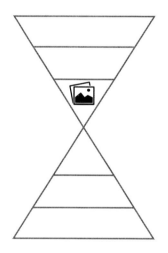

　　值得我们注意的一个要点是：情景记忆通常涉及情绪体验，当我们回忆一件事时，我们不仅可以回忆起有关事件本身的细节（时间、背景、发生的经过），还包含我们在这个事件中体验到的情绪。

　　因此，对过去某个情景或某个人的回忆往往伴随着各种各样的情绪。例如回忆起你的前任时，爱意、怨恨、悲伤、感激或者所有这些感觉都会被同时唤起。再拿童年时期的情景举个例子，比方说你和最好的朋友一起玩耍或你第一次骑自行车——这些可能会激发你兴奋或怀旧的感觉，即使多年以后，我们仍然能像第一次一样强烈地感受到这些情绪。

为什么情绪会与我们的记忆相互融合？一种解释是情绪能够帮助我们更好地记住事情，如果一件事本身是"无色"的，包含的信息非常平淡，那它往往不会引起我们足够的注意，因此很容易被遗忘，但一旦情绪参与进来，情况就变得完全不同，我们更容易注意到那些激发我们情绪的事情——无论是积极的还是消极的。情绪对事情来说具有重要意义，我们天生就更容易记住那些让我们感受到欢乐或痛苦的事情。

大多数情况下我们都能从这种机制中受益，但也要看这些情绪的剂量或程度。有时我们可能会经历那些严重情绪冲击事件，例如袭击导致的濒死体验或创伤、家庭暴力、童年虐待、战争、车祸、逃离致命火灾等，在上述任何一种情况下，我们都会体会到强烈的消极情绪，这些消极情绪将这些可怕的事件牢牢固定在我们的记忆中。

好一点的情况是你可能只是对那个事件形成了不好的记忆，它可能会偶尔冒出来，让你回想起当时糟糕的感觉（例如恐惧、失望、羞愧等）。我们都曾体验到由过往经历带来的痛苦或不适，例如校园霸凌者的恶语、工作中的尴尬时刻、失去爱人等等。这些事可能发生在好几年前，你不愿主动回想它们，然而它们可能会时不时地回来对你造成困扰。

也有更糟糕的情况，当经历了可怕的或者危险的事件之后，一些人可能会出现创伤后应激障碍（PTSD）的症状，受到这种症状困扰的人会反复回想起造成创伤的事件，比如侵入性思维（intrusive thoughts）、噩梦、闪回等，他们在重新适应正常生活的过程中出现了困难。

闪回可能会让人特别痛苦，它是一种不自觉的、反复出现的、强烈的记忆。在闪回中，你会重温往事或者经历过的片段。你可能仍会与现实保持某种联系，也可能对现实中发生的事情完全失去意识，被带回到自己的创伤性事件中。因此你可能会觉得创伤性事件再次发生了，这通常会导致恐慌、麻木或防御性行为。不幸的是，人们往往没有意识到自己正在经历闪回，例如一名经历过战争的老兵可能会觉得自己又回到了战场，重新经历了爆炸，听到了枪声，也再次目睹了战友的死亡，而这一切可能只是被看似琐碎无关的事情引发的，例如看到电视上的战争场面或听到汽车的回火声等。

语义记忆

语义记忆指的是对观点、事实和概念的记忆，包含了你毕生积累的所有可被称为常识的东西。

说得具体一些，语义记忆存储了常识（例如一年由十二个月组成）、概念（数学公式、烹饪食谱）、规则（了解餐厅礼仪、知道何时可以安全过马路）、价值观（勇敢、体贴）、词汇（法语单词"bonjour"在英语中的意思）、对自己（了解自己的优缺点）以及对世界的信念。

举个有关语义记忆的例子，如果有人问你："人类第一次登上月球是什么时候？"你会回答："1969年。"你是怎么知道答案的？答案实际上就来自你的语义记忆，你可能曾在学校里学到或在某本书里读到过这个知识，你的语义记忆当时保留了这条信息，然后在你需要的时候将它提供给你。

语义记忆的例子

- 知道美国第一任总统的名字。

- 知道斑马的颜色。

- 知道钢笔的用途。

- 知道一年由多少天构成。

- 知道演唱《波希米亚狂想曲》的歌手。

- 知道澳大利亚在地图上的位置。

- 知道罗马数字 VI 和 XII 的含义。

- 知道算式 2×2 的答案。

- 知道如何在句子中使用过去时。

- 了解词汇语义（例如知道英语单词 New Year、table 和 truck 的意思）。

- 记得历史事件的日期（例如第二次世界大战结束的时间）。

- 记得你的家庭住址。

- 记得你的生日。

- 记得你妈妈的名字。

- 记得待办事项清单上要完成的任务。

- 记得和医生预约好的时间。

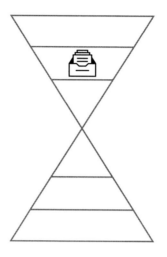

　　需要注意的是，语义记忆通常来源于情景记忆，换句话说，我们可以从个人过往的经历中获取知识。这种情况在我们童年时期尤为常见，通常发生在我们第一次接触新鲜事物时，例如对遥控器使用的掌握可能来源于碰巧按下遥控器按钮的经历，之后这种经验可以转化为知识并存储在你的语义记忆中。

　　然而语义记忆也可能脱离情景记忆而独立存在，例如你可能已经忘记第一次把玩遥控器的情景，但仍可以保留已经习得的使用遥控器的知识。再举个例子，你肯定知道自己是在 6 岁或 7 岁时上了一年级（拥有语义记忆），但开学那天的具体情景可能已经忘记，例如那天天气如何，在什么场合遇见你的第一位老师，第一节上的什么课或者你那天感受如何（缺失情景记忆）。

程序性运动记忆

程序性运动记忆是关于如何做事的记忆，包含了你学到或养成的所有技能、习惯和行为（程序）。

程序性运动记忆的例子

- 知道如何走路。

- 知道如何做俯卧撑。

- 知道如何到达一个熟悉的地方（比如你的住处或住处附近）。

- 知道如何游泳。

- 知道如何刷牙。

- 知道如何演奏一件乐器（例如吉他、钢琴或者鼓）。

- 知道如何系鞋带。

- 知道如何玩一款熟悉的电子游戏。

- 知道如何写字。

- 知道如何切洋葱。

- 知道如何使用键盘打字。

- 知道如何刷手机。

- 知道如何伴着歌曲节奏用脚打拍子。

- 知道如何用网球拍击球。

- 知道在变道时查看驾驶车辆的侧翼后视镜，避免来车危险。

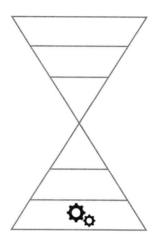

　　当你第一次尝试某些动作时，你会借助你的意识，你会集中注意力，发挥自我控制的力量，并耗费大量的心理资源。但如果你在较长时间里反复做这个动作，它就会变成一种习惯，在你的脑海中变得根深蒂固，这时你就再也不需要刻意思考如何做了，你会自然而然地做出来。

　　你不必有意识地回想执行这些任务的方法。如果你想走路，你就会走路，而不会思考怎么去迈开双腿；如果你准备开车，你也不会提醒自己如何打火启动、如何使用转向灯或如何靠边停车。程序性运动记忆会帮你搞定这些，所以你可以毫不费力地完成这些任务。

　　习惯对于健康、幸福和成功的生活至关重要，这种说法我想你耳朵都快听出茧了，这可能对你来说就是老生常谈，但我仍想强调这一点。

　　实际上，习惯的强大和影响力来源于其重复性。简单地说，你日复一日、年复一年坚持做的事情对你的影响是持续而渐强的。假设你今天吃了一袋薯片，这没有多大害处，但想象一下，如果你一年中每天都吃一袋薯片，这会影响你的体重和健康吗？答案是显而易见的。

因此我们通常要区分习惯的两种主要类型——坏习惯和好习惯。好习惯有助于我们实现目标，过上高质量的生活，而坏习惯常常会阻碍我们进步，损害我们的健康，降低我们的幸福感。

最后我要明确一点，知识（语义记忆）可能独立于我们的习惯（程序性记忆）而存在。例如，当你还是个孩子时，第一次在街上看到一辆自行车，出于好奇你可能开始了解它的构造、工作原理以及如何踩刹车、调整座椅和转弯的方法。你可能终身都记得这些理论知识，但从来没有真正尝试去骑一下——这种情况下你的语义记忆独立于你的程序性记忆而存在。或者，你在习得这些理论知识之后进行了实践，你鼓起勇气坐在自行车上，踩着踏板，努力保持着平衡不让自己摔倒——这种情况下你的语义记忆和程序性记忆同时存在。

程序性言语记忆

程序性记忆在我们的言语中也起着重要作用，我们姑且称它为程序性言语记忆，以区别于程序性运动记忆。

严格来说，我们的语言和言语的生成依赖于大脑中许多系统和区域，这绝对不限于记忆范畴，但由于语言的许多方面都与习得有关，所以语言自然也特别依赖于我们的记忆，例如我们前面提到的语义记忆，它就存储我们的词汇知识，包括我们的词汇量、语义知识和语法知识（例如了解如何构造过去时或将来时等）。

另一方面，程序性记忆被广泛认为是语言规则和语言顺序的基础，例如发音规则和语法顺序。通过这种方式，程序性记忆可以让你在说话时不必刻意考虑发音和语法，例如如何正确地发音、如何将单词按照正确的顺序排列成句、应该使用什么时态等。

程序性言语记忆的例子

• 构造一个语法正确的句子（不用有意识地思考如何构造）。

• 一边思考其他的事情一边熟练地和朋友聊天。

• 背诵字母表。

• 吟唱一首熟悉的歌曲或押韵诗。

• 过度使用填充词和短语，例如嗯、啊、你知道、实际上、基本上（人们通常不会主动意识到这一点，除非被别人指出来）。

• 夹杂着口音讲外语（用母语的发音习惯来讲外语）。

• 注意到某人读错了单词。

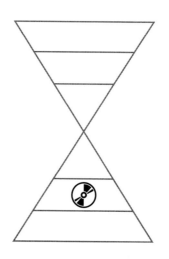

请留意一下你自己的说话方式。通常，你不会有意识地思考如何转动你的舌头，如何正确发音，如何改变你的声调或者如何构造一个正确句子，这一切都会自然且自动地发生。

当有人问你：'嘿！你最近好吗？"你可能会本能地回答："很好，谢谢！你呢？"即使这并不是事实，即使你今天过得很糟糕，你会这么说只是出于（言语）习惯。

如果你学过外语，你就知道这绝非一项简单的任务，很多事情都需要你注意，尤其是如何发出自己不熟悉的声音，如何正确使用语法和语调，等等。这是因为语言都不尽相同，语言之间的差异往往是学习的难点，但是当你学会了你就不必再去考虑这些，因为它已经成了你的一种习惯，成了你的第二天性。

我记得自己高中时在法国度过了一段时间，在当地的一所学校学习。当我回到乌克兰时，发生了一件有趣的事。在家的前几周，我讲话时会时不时蹦出一些法语单词，比如一次文学课上，老师问我："你家庭作业做完了吗？"我的回答是"Oui"（法语"是"）而非"Yes"（英语"是"）。我这样的回答完全是出于一种言语习惯。

另一个相关的例子是学习口音。每种语言都有自己的韵律，例如语调规则、发音规则和需要正确发出的特殊声音。当你说自己的母语时，这些规则都是默认的，你知道如何发音，知道应该重读哪个音节或单词来表达它在句子中的意思，也知道何时使用升调或降调。当你说母语时你会自动这样做，它完全是你记忆的一部分。

但当你学习第二语言时，母语的言语习惯也会对你造成困扰。你可能知道有些人说外语时会带有浓重的口音，比如你让非英语母语国家的人朗读一个简单的英语句子"I have a car"（我有一辆车），法语母语者可能会把"have"读得听起来像"av"（因为法语中的"h"总是不发音）；德语母语者可能又会把它读得听起来像"haf"（因为德语在单词末尾没有"v"音）。另一方面，学习德语的英语母语者很可能会在"danke schön"（十分感谢）这样的短语的发音中遇到困难（因为在德语中被称为元音变音的"ö"音在英语中并不存在），许多人会倾向于忽略"o"上方那些奇怪的多余的圆点，把它发成正常英语中的短"o"音，发成"schon"而不是"schön"。

为什么会这样？一个重要原因是二语使用者利用了他们在自己母语中已经知道的言语习惯和无意识的规则。我们倾向于将语调、发音规则和语法规则从母语迁移到第二语言中。总而言之，程序性记忆包含了我们都会遵循的言语习惯。

情绪记忆

当你听到香槟瓶塞"砰"的一声被撬开时感受如何？当你听到自己停在外面的汽车报警器响起时又感觉如何？第一种可能会让你感到兴奋甚至快乐，第二种可能会让你感到恐慌或者恼怒，你甚至会走出家门一探究竟。为什么这两种声音会引起两种不同的情绪甚至行为呢？

这是因为人们也可以获取情绪记忆。情绪记忆是习得性（或条件性）的情绪反应（如恐惧或兴奋），这些反应是在特定诱因（如听到香槟瓶塞被撬开的声音或汽车警报声）的引导下产生的。

情绪记忆基于一种被称为联想学习（也被称为经典条件作用）的机制，它发生在你认识到两种刺激之间的关联时，包括所谓的中性刺激（不会自行触发任何情绪或行为的中性事物）和非条件性刺激（会触发自然、自动反应的事物，例如让你打喷嚏的灰尘或是让你退缩的意外巨响）。

以有些人对狗的恐惧为例。起初狗并不吓人（中性刺激），但假设你有过一些痛苦的经历，比如被狗袭击过（非条件性刺激），那么你的大脑可能会在这两个事物之间建立起强烈的联系：狗＝疼痛。如果发生这种情况，看见狗本身就会引发你的恐惧（条件性刺激），所以下次当你走在路上看见一条狗时，即使它看上去很友善，你可能也会感到恐惧和危险。

同理，每当你遇到能让你回忆起创伤性经历的事情时你都会感到恐惧，即使你能意识到这种恐惧是非理性的，例如你的理智可能会告诉你一条摇着尾巴的小狗根本不危险，它并不会咬你，但你仍会被吓得不敢靠近，更不用说去抚摸它了。同样，你可能知道通向办公室的电梯是安全的，不太可能坠落，但你在乘坐时仍会害怕。

但这种记忆不限于消极情绪，同样，我们可以学习两个事物之间的积极情绪联想，例如周末＝快乐，比萨＝快乐，等等。举个例子，我对"狗＝快乐"具有强烈的积极情绪联想。我的姑妈曾养过一条好看的德国牧羊犬，在我的童年里它陪伴我一起度过了许多快乐的时光。我仍然

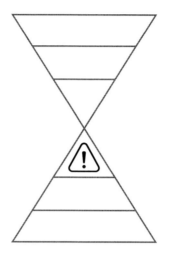

清楚地记得我每天早上醒来的时候，它都会用那张毛茸茸的好笑的脸盯着我，从那以后，我彻底喜欢上了毛茸茸的大型犬种，每当我走在街上看到大型宠物犬时，我都忍不住微笑着看它们走远。

有趣的是，我也有很多与狗有关的不愉快的经历。有一次，我被邻居的狗咬了；还有一次，我看见一条高加索牧羊犬时吓得逃开了，因为它看起来像一只野生灰熊。几年之后发生在我身上的一次摩托车事故也与流浪狗有关，我当时骑着摩托车在一条狭窄的道路上行驶，一群流浪狗追赶我，摩托车失去控制，撞向了人行道，幸运的是没有人受伤，那群流浪狗也很快对我失去了兴趣，最后跑开了。

鉴于以上经历，按理说我应该对狗产生厌恶甚至恐惧情绪，但可能因为我对狗非常强烈的积极态度已经先入为主了，这些消极的经历对我没有造成太大的影响。今天，我仍然喜欢毛茸茸的大型犬——没错，多多益善。

需要注意的是，创伤性记忆可能被同时存储在好几个记忆类型中，例如许多人害怕老鼠（情绪记忆），每当他们看到老鼠时就会尖叫着跳到椅子上。他们可能还记得自己是如何获得这种恐惧感的（情景记忆），例如某人可能会记得他童年时在后院玩耍时被一只大老鼠吓了一跳。

然而情绪记忆也可以独立存在，例如某人可能患有恐惧症（情绪记忆），但不了解造成恐惧症的原因（缺乏情景记忆），如果创伤性事件发生在童年早期，这种情况尤其常见。回到前面的例子，多年以后，那个人可能会忘记他小时候在后院看到过一只可怕的大老鼠，换言之，他对事件的记忆（情景记忆）可能会随着时间的推移而逐渐模糊甚至消失，但在这次事件中形成的对老鼠的恐惧（情绪记忆）却没有消失，因此他对老鼠的恐惧可能会一直持续下去。

外显记忆与内隐记忆

我们在前文中已经讲完了所有主要的记忆类型，希望我已经把这个相当复杂的问题解释清楚了。如果还能跟得上这个进度，那就请跟随我继续走下去，这个主题我们已经讨论得差不多了，还剩下最后一个要点值得我们再探讨一下。

人们通常会把长时记忆分成两大类，即外显记忆（explicit memory）和内隐记忆（implicit memory）。外显记忆（也被称为陈述性记忆，有关"是什么"的问题）由情景记忆和语义记忆构成，而内隐记忆（也被称为非陈述性记忆，有关"怎样做"的问题）由程序性记忆和情绪记忆构成。

长时记忆	外显记忆（也被称为陈述性记忆，让我们知道"是什么"）	- 情景记忆 - 语义记忆
	内隐记忆（也被称为非陈述性记忆，让我们知道"怎样做"）	- 情绪记忆 - 程序性记忆（运动、言语）

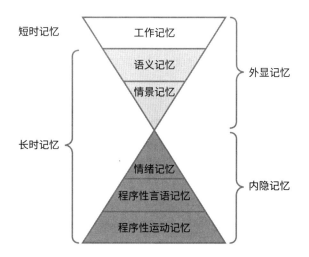

外显记忆指的是可以被有意识、有目的地回想起来的记忆，例如有人问你："秘鲁的首都在哪里？"如果你对地理很了解或者近期去过秘鲁，也许你会马上想到答案。但实际上你很可能需要停下来思考一小会儿。如果你确实知晓这个地理知识，在检索了你的记忆数据库后就能够把答案带入你的自觉意识。

外显记忆有时也被称为陈述性记忆，因为你可以用言语来表达或描述你回忆起的信息，例如你可以明确说出秘鲁的首都是利马或者描述自己在利马的度假经历。

如前所述，外显记忆包含了情景记忆和语义记忆。部分原因是你需要依靠意识来检索情景记忆和语义记忆，还有部分原因是你可以用言语来表达或描述这些记忆——比如回忆你的校园毕业典礼或叫出生活在非洲的动物名称。

相比之下，内隐记忆是一种无意识的记忆，这意味着你无须使用意识思维来回忆这些记忆。内隐记忆储存的都是你可以自动回忆的事情和自动执行的行为，内隐记忆的使用也不需要任何策略、努力或者刻意为之，例如你可以很轻易地回想起如何骑自行车、如何走路或者如何将单词排列在一起构造出语法正确的句子。

内隐记忆有时也被称为非陈述性记忆，这是因为尽管你可以很轻易地做出这些事情，但通常很难用言语表达或解释你是如何做的（习惯性任务），比如你可能非常擅长骑自行车，但如果有人让你讲出一步一步的操作方法，你很可能会犯难。这同样也适用于我们说话，如果你的母语是英语，你就知道如何发出长 /ɜ:/ 音（如在单词"bird""work""fur"中），但如果一个外国人问你这个音是如何发出的，你若不是英语老师的话可能很难解释清楚。你只是自然而然这样发了，你绝对不会考虑你的下巴、嘴唇或舌头此刻所处的位置。

内隐记忆包括程序性记忆和情绪记忆。一方面，你无须使用意识来回忆如何执行常规行为或保持对某些事物的冷静或兴奋，这些记忆会自动呈现给你，比如当你铺床时，你不需要考虑其中的每一个步骤；当你唱自己最爱的那首歌时，你不需要提前去想歌词或如何用合适的音调来演唱；如果你害怕狗，你不需要专门回想躲避它们的方法；所有这些记忆都会自然地展现出来。另一方面，我们确实很难用言语来表述程序性记忆和情绪记忆，例如，如果我问一个有恐惧症的人为什么会恐高，许多患者可能觉得很难解释或描述这种心理机制。

还记得我们前面提到的双金字塔模型吧（详见第 1 节）？之前说过，顶部金字塔包含与意识有关的心智层级，而底部金字塔包含的层级基本上都是无意识的。现在我可以说得更具体一些：本质上，顶部金字塔包含的是各种类型的外显（或意识）记忆，而底部金字塔包含的是各种类型的内隐（或无意识）记忆。

需要我们注意的是，虽然研究人员通常仅针对长时记忆来区分外显记忆和内隐记忆，但你可能会在别的地方看到"工作记忆本质上也是一种外显记忆"的说法。这是因为我们可以完全意识到工作记忆的内容并且可以很轻松地描述它所包含的信息，甚至可以说，工作记忆才是最显性的记忆。

总而言之，我们可以仅在长时记忆的背景下谈论外显记忆，同时也明白工作记忆在本质上也与意识有关。无论如何，我们都可以说顶部金字塔包含了不同类型的外显记忆，而底部金字塔包含的是不同类型的内隐记忆。

▼

小结

———

- 了解不同记忆类型的本质是实现改变的关键之一。
- 工作记忆服务的是那些当下重要的事情，而不是明天或者未来的事情。工作记忆通常会保留必要的信息，帮助你完成当下的某个任务。
- 那些出现在好几分钟前但你依然能够记得的信息都属于长时记忆。长时记忆具有许多不同的形式。它可以包含你的信念和知识、个人生活的情景以及一些更加隐秘的信息，比如完成某项任务的方法或者需要当心的事情。
- 我们可以仅在长时记忆的背景下谈论外显记忆，同时明白工作记忆在本质上也与意识有关。无论如何，我们都可以说顶部金字塔包含了不同类型的外显记忆，而底部金字塔包含的是不同类型的内隐记忆。

3
创伤：
当大脑某处失灵时

我们是如何知晓我们拥有不同的记忆类型的？外显记忆和内隐记忆的发现源于对遗忘症患者的治疗。经过多年观察，研究人员发现，虽然某些人可能会因为创伤或疾病而丧失某些记忆，但他们仍然可以保留一些记忆能力。

遗忘症

你有没有过忘记把手机放在哪里？有没有过看了很多他出演的电影却依然记不住那个演员的名字？有没有过走进厨房却忘了进去做什么？如果你的答案是肯定的，那你并不是个例，所有健康的人都会偶尔忘记一些事情，遗忘是大脑运转中一个正常的环节，但有些人几乎一直都在经受这种记忆障碍的困扰。

遗忘症是由脑损伤或疾病引起的部分或全部的记忆丧失。虽然遗忘症在电影中通常被描绘成对自我意识的完全丧失，但在现实中这种情况非常罕见。一般有两种遗忘症比较常见，即逆行性遗忘症（retrograde amnesia）和顺行性遗忘症（anterograde amnesia）。

逆行性遗忘症指的是忘记创伤发生以前自己所知道的事情。基本上你无法再找回那些陈年旧事。被遗忘的记忆短则几个小时，长则好多年，例如你可能会忘记你已经结婚，忘记你有孩子或者忘记你的身份是潜伏在一个国家的间谍。

顺行性遗忘症指的是创伤发生以后你无法记住任何新发生的事情。那些受到顺行性遗忘症影响的人很难学习任何新东西，例如，如果有人不知道 2020 年的新冠疫情大流行或者封控时期人们在公共场所必须佩戴口罩，那么无论你告诉他们多少次，他们都无法记住这个事实。或者说你们一起去餐馆用餐，一个小时后当你问他们菜品是否可口时，患有顺行性遗忘症的人根本不记得你们刚去过那家餐馆或者他们刚吃了什么。

当研究人员谈论遗忘症时，他们一般指的是外显记忆的缺陷，这意味着患者通常难以创建或保留情景记忆或语义记忆，例如他们可能忘记了一些众所周知的事实或者无法回忆起一些往事，甚至是他们自己生命中经历的那些岁月。

尽管如此，几十年的研究揭示了一个有趣的事实，即在某一时刻，科学家们发现遗忘症患者实际上保留了部分记忆能力（后来被称为内隐记忆）。虽然遗忘症患者可能不记得自己是谁，但他们可以保留自己已有的技能（例如如何穿衣、如何说话），甚至可以学习新的任务和行为，例如患有遗忘症的职业音乐家可能会忘记自己是否拥有钢琴、喜欢什么类型的音乐或者在哪里学习的演奏，但他们仍然能够专业地演奏。

记忆功能障碍

随着时间的推移，人们研究了更多的病例。脑成像技术（如正电子发射断层扫描、功能性磁共振成像）也被用于诊断和研究，由此人们可以通过大脑扫描看见大脑中发生的事情，大大推动了该领域研究的进展。

首先，科学家们能够更近距离地观察大脑本体并确定相关神经解剖学部位和记忆所在的位置。研究表明，在程序性记忆中扮演最重要角色的脑区包含神经节和小脑。根据脑部扫描，人们一旦开始学习或执行某个程序性任务，这些脑区就会活跃起来。还有其他一些研究表明，工作记忆依赖于前额叶皮质等区域。

其次，我们现在对记忆功能障碍的原因有了更多了解。记忆障碍可能来源于脑卒中、肿瘤或脑震荡引起的脑损伤，这些因素可以损害任何脑区，导致运动控制、语言表述等方面出现问题。记忆障碍也可能来源于退行性疾病，如阿尔茨海默病、帕金森病等；其他可能的诱因还包括酗酒、药物滥用、创伤性经历、抑郁症、衰老，甚至压力过大。

此外，我们已经知道有些疾病只影响一个记忆系统，例如只影响程序性记忆，但也有一些疾病会长期扰乱多个记忆系统。比如阿尔茨海默病，阿尔茨海默病通常首先影响情景记忆系统，海马首当其冲，海马的损伤会削弱患者储存和检索新信息的能力，但随着病情的发展，不良影响可能会累及大脑中更多区域，因此患者其他类型的外显记忆（语义记忆和工作记忆）又会出现问题。

　　下面的表格是对上文内容的概括和总结。下一章我们将探讨一些神经科学领域的有趣案例，帮助大家更好地理解这个主题。

记忆类型	相关解剖学部位	令人忧虑的异常	常见的相关精神病症
工作记忆	前额叶皮质，皮质下结构	无法在脑中留存新的信息（例如，刚听完指示就忘记自己要做什么）	- 注意力缺陷多动症 - 额颞叶痴呆 - 精神分裂症 - 阿尔茨海默病
语义记忆	颞下叶和颞侧叶	遗忘症：无法回忆起众所周知的事实（例如，家庭成员的姓名、一年由几个月份组成）	- 语义性痴呆 - 阿尔茨海默病
情景记忆	内侧颞叶（包括海马）	遗忘症：记不起过去发生的事情（例如，想不起今天有没有吃早饭）	- 阿尔茨海默病 - 疱疹性脑炎 - 科萨科夫综合征
情绪记忆	杏仁核	无法获得条件性情绪反应（例如，被狗攻击以后仍无法建立对狗的恐惧）	- 多发性硬化症 - 阿尔茨海默病
程序性言语记忆	基底神经节，布罗卡区	言语产出方面存在障碍（例如，无法读出熟悉的单词）	- 表达性失语症 - 言语失用症
程序性运动记忆	基底神经节，小脑	不记得如何执行习惯性行为（例如，如何拿吉他、如何骑自行车）	- 帕金森病 - 亨廷顿病 - 图雷特综合征

活在当下时刻

永远的 30 秒

亨利·莫莱森（Henry Molaison，简称 H.M.）可能是脑科学史上最著名的患者。亨利于 1926 年出生在康涅狄格州的哈特福德，他的故事从他 9 岁开始。

一天，亨利在家门口玩耍，突然被一辆自行车撞倒。他当时摔倒在地上，撞到了头部，亨利可能一度失去了知觉，但没过多久他就站起身走回了家。

这起事故是否直接导致了他后面出现的问题，目前仍不清楚，因为亨利回到家后看起来很正常，但不久之后，他开始癫痫发作。随着时间的推移，病情越来越严重，他一天中可能昏倒多次。

这对他生活的各个方面都产生了可怕的影响。因为被其他孩子取笑，亨利被迫退了学。27 岁时，他转到流水线上工作，但这对他来说太危险了，最终他不得不选择辞职。基本上，亨利每天只能和父母一起待在家里。

亨利服用了高剂量的抗癫痫药物，但无济于事。在绝望中，亨利的父母向康涅狄格州哈特福德医院的神经外科医生威廉·斯科维尔寻求帮助。斯科维尔和他的同事对亨利进行了检查，并尝试确定他大脑中癫痫发作的部位，以便将其切除。医生们说，如果能够移除亨利脑中与癫痫发作相关的一些深层结构，他们就可以缓解亨利癫痫的发作，亨利的家人同意了这个方案。

1953 年 9 月 1 日，斯科维尔医生对亨利实施了脑部手术，取出了他的大部分内侧颞叶，包括一个海马组织。这是一次实验性手术，因为当时外科医生们对大脑特定部位的功能一无所知，许多手术往往在某种程度上依赖猜测。

但手术奏效了，亨利癫痫发作的频率显著降低——好多年完全没有再发作，只在某几年里偶尔出现几次。因此就减轻癫痫发作而言，手术达到了目的，但这个看似让人重拾希望的手术却在其他方面导致了严重问题。让人始料未及的是，手术给亨利带来了严重的记忆缺陷。手术后，他再也无法建立任何长时记忆，这意味着他患上了顺行性遗忘症。

直到那时，科学界还不知道海马对于创造新的记忆（即情景记忆和语义记忆）来说至关重要，如果我们失去海马或海马受损，我们也将失去存储新信息的能力。这一发现很快被传播开来，后来就没有人再愿意去做这样的手术了。

但对亨利来说为时已晚。手术使 27 岁的亨利完全地、永久性地失去了记忆。

亨利保留了手术前留下的大部分长时记忆，比如他的世界知识（语义记忆）非常丰富，他可以告诉你关于第二次世界大战的史实、大萧条开始的时间或者说出他最喜欢的电影明星。很大程度上他还保留了许多有关他个人生活的记忆（情景记忆），例如他可以回忆起童年时的场景，回忆起他的父母、同学、曾经的爱好（比如轮滑）以及许多 27 岁以前发生的事情，他也记得斯科维尔医生以及他们在手术前讨论的内容。

然而亨利无法形成新的长时记忆（语义记忆和情景记忆）。通过在工作记忆中不断重复，他的大脑可以保留短则三十几秒、长则不过几分钟的信息，但他无法将这些短时记忆转化为长时记忆。

1953 年 9 月 1 日，亨利的时间就停止了，此后他又活了 55 年，于 2008 年去世。55 年的时光，他却只能活在最近 30 秒的记忆里。有人说，他活在一个永恒的当下。由于无法更新记忆的数据库，他的个人历史也在那一刻被冻结，他只能体验日常生活中每个崭新的时刻——聊天、阅读、散步——每次仿佛都是第一次经历。

实际上，这意味着亨利无法再学习新的事物或新的词汇，也无法回想起最近发生的事情。他在大约 30 秒的时间里就会忘记所有新的经历和信息，比如亨利不知道当下是哪一年，也不知道时任美国总统是谁。他再也无法清楚地记得自己经常使用的物品放在家里什么位置。

亨利每读完一点内容很快就会忘掉，因此他会反复阅读同一份报纸或杂志，每次都是全新的体验。他可以一遍又一遍地看同一部电影，每次都带着同样的惊奇和兴奋。亨利也很容易忘记他刚刚吃过东西，如果你问他吃过晚饭了吗，他会说"我不知道"或"也许吧"。

此外，亨利还无法意识到时间的流逝，当然他会和其他人一样渐渐衰老。尽管他能从镜子中认出自己苍老的脸，但他不知道自己的确切年龄。在亨利的晚年，人们经常问他认为自己多大年纪，他总会给出一些猜测："30 岁？也许 40 岁？"亨利 50 多岁时，一位研究人员递给他一面镜子，问他："你现在怎么想？"亨利凝视了一会儿镜中自己衰老的脸庞，回答道："我不再是个男孩了。"

另外，亨利无法认出几分钟前刚与他交谈过的人。你可能和他见了面并交谈了一会儿，随后你走出了房间，当你几分钟后再回来时你就得重新介绍自己。他会以问候陌生人的方式问候你，甚至会用相同的词汇讲述同样的故事，根本不知道他自己 5 分钟前就已经见过你了。

许多医护和研究人员在那场手术后一直陪伴了亨利几十年，在照顾他的同时收集有关他病情的信息。当然，通过这么多年的接触，他们已经非常了解亨利，甚至把他当成朋友，但亨利对这些人一无所知。亨利和他们见过数千次面，但他每次都认为这是他们第一次见面。

最让人感到悲哀的是亨利不知道他的父母是否依然在世，他感觉自己仍和母亲一起住在家里，但不确定父亲在哪里。事实上，当时亨利正住在康涅狄格州的一家养老院，那时他的父母早已去世，亨利在这个养老院度过了他生命中最后的 28 年。

在 1953 年那场灾难性的手术以后，亨利丧失了独立生活的能力。亨利的父母一直照顾他，在他们去世以后由他的一个亲戚接手。1980 年，亨利搬进了养老院，在那里度过了余生。

如果有人告诉亨利他的父母已经去世，他每次听到这个事实都会重温失去亲人的悲痛。某天，他决定写一张纸条，提醒自己父母已经去世了，并随身携带了一段时间。但这是一场可怕的经历，这就像生活在自己的地狱中，在这里你会一次又一次地收到那条最可怕的消息。

毫无疑问，亨利的这种状况是一场悲剧。但作为众多不幸的案例之一，亨利的案例意外地成就了一个科学领域的突破。在接下来的 55 年里，他在麻省理工学院等机构参与了不计其数的实验，直到 2008 年去世。他坐在那里接受脑部扫描，同时执行着不同的实验任务。亨利是一个非常友好的人，和他共事的人总是很愉快。可能因为这些测试对亨利来说总是新鲜的，他似乎从未对此感到厌倦。外界与亨利的接触受到了严格限制，为了保护他的身份信息，在众多出版物中他都被称为"H.M."。

现在我们来谈谈主要的科学发现。亨利的案例彻底改变了我们对人类记忆组织方式的理解。人们完全搞清楚了一个事实，那就是人类拥有不同的记忆系统，这些系统位于大脑的不同部位。之前人们普遍认为记忆是存储于整个大脑中的，但亨利的案例清楚地表明不同类型的记忆依赖于大脑中各个特定区域，特别是海马，案例证明这个区域对创造新的语义记忆和情景记忆至关重要。

此外，事实证明亨利仍然能够学习新的运动技能。换句话说，在某种程度上他依然能够形成某种类型的记忆——这就是我们今天所说的程序性记忆。

著名神经心理学家布伦达·米尔纳做了一个著名的实验，亨利被要求对着镜子画一颗五角星。每个人在第一次画的时候都会觉得这是一项比较困难的任务，当然亨利一开始也画不好，但研究人员要求他努力练习。令人惊讶的是，通过后来反复的练习他画得越来越好，越来越熟练，最后他可以很轻松地对着镜子画出一个复杂的图形。据米尔纳回忆，在一次实验之后亨利说："嗯，这比我想象的要容易。"

亨利完全不记得之前做过的练习，但他的手和肌肉在学习，他在进行潜意识学习。

显然亨利保留了获得新的运动技能的能力，这表明我们大脑中至少存在两种不同的记忆系统——一种负责有意识的"情景性"记忆，另一种负责与技能相关的"程序性"记忆。

　　这也意味着这两个系统依赖于两个不同的脑区。亨利缺失了大部分海马，但他依然能够学习运动技能，这意味着他的其他脑区在承担这项任务。

　　我们现在知道，程序性记忆在很大程度上取决于基底神经节和小脑，它们位于完全不同的脑区。由于手术没有破坏这两处组织，所以亨利仍然能够培养出新的习惯和运动技能。

　　现在让我们用金字塔模型来对亨利的案例做个总结。亨利的情况如下图所示：

　　亨利的海马缺失，因此，他的语义记忆和情景记忆功能受损，但他的程序性记忆仍然能够正常工作。

- 理智（工作记忆）——亨利的智力、注意力、自控力和工作记忆都没有受到影响。实际上亨利的智商高于平均水平，他和手术前一样聪明，一样具备解决问题的能力。他经常玩填字游戏，因为他认为这种消遣方式可以帮助他回忆单词，帮助他从语义库中找回那些对事实的记忆。亨利还可以在大脑中保留好几分钟的信息，这表明他有正常的工作记忆，如果他在脑海中不断重复这些信息并且保持专注，信息留存的时间甚至可以长达 15 分钟。

- 信念系统（语义记忆）——亨利记得很多手术前学到的知识，但手术后他无法学习新的事物和词语，无法丰富自己的知识。

- 记忆（情景记忆）——这个记忆系统和类型受损最为严重，亨利失去了许多有关手术前个人生活的记忆，他也无法回想起生活中任何新发生的事情。

- 情绪（情绪记忆）——亨利仍然拥有情绪并且能够表达情绪，他说话温和，为人开朗，富有幽默感，他会用对待朋友的方式向陌生人问好。

- 言语（程序性言语记忆）——亨利没有任何言语障碍，他喜欢交谈和讲故事。

- 行为（程序性运动记忆）——亨利记不起刚和他交谈过的人的面孔，但他保留了通过练习和重复的方式培养新技能和新习惯的能力。他能做日常事务，比如和妈妈一起去商店、提购物袋、铺床、看书、看电视或者修剪草坪。

当然也有其他遗忘症患者被当作案例研究过，但我们从亨利·莫莱森身上学到的有关大脑和记忆的知识比其他任何人都要多。

苏珊·科金是一位与亨利共事近 50 年的神经科学家，她曾回忆起一些非常有趣的事。她偶然会问："亨利，你为我们研究提供了很多帮助，你知不知道自己真的很有名？"听到这话他似乎很高兴，但是亨利当然不知道这一点，因为无论人们告诉他多少次他很有名，他都会在 30 秒内忘记。科金还问亨利他参与这些测试感受如何，亨利思考了一会儿说："我想他们对我的了解有助于他们帮助到其他人。"

安全感缺失的时刻
藏在手中的大头针

现在我们来讨论另一个著名案例，它与情绪记忆有关，案例描述来源于瑞士神经病学专家爱德华·克拉帕雷德，他的研究对象是遗忘症患者。

1911 年，克拉帕雷德在治疗一名顺行性遗忘症患者（与 H.M. 患有相同的疾病）。这名女性患者保留了她的长时记忆和推理能力，但她无法形成任何新的记忆（情景记忆和语义记忆），比如她会定期与克拉帕雷德见面，但她完全不记得，她甚至不记得克拉帕雷德的容貌——所以当克拉帕雷德向她打招呼时，她每次都会重新进行一遍自我介绍和问候礼节。

这位女士显然记不起最近发生的事情，但克拉帕雷德认为她仍可能保留了一些记忆能力，他决定用实验来检验这种可能性。第二天她再次到访时，克拉帕雷德在手指中藏了一根大头针。他伸出手去和她握手时，用大头针扎了她一下，这位女士痛苦地尖叫了一声，然后迅速把手收了回来，这是一种自然反应。这根尖锐的大头针让她大吃一惊，她要求克拉帕雷德对此做出解释，但当克拉帕雷德离开后，这位女士没过几分钟就忘掉了这件事，好像从未发生过一样。

然而第二天发生的事情却让人大开眼界。同往常一样，这位女士不记得前一天发生的事，但是当克拉帕雷德再次自我介绍并伸出手向她表示欢迎时，这位女士却拒绝和他握手。这很奇怪。这位女士肯定不会记得克拉帕雷德医生，她也肯定无法回忆起这位医生以前是否给她带来过痛苦，但她还是不愿意握手。

当有人问她为什么这么做时，这位女士无法解释拒绝握手的原因，她自己对这种情况也十分困惑，但克拉帕雷德并没有放弃，竭力要求她做出解释，他问道："所以，你到底为什么不想握手呢？"最终这位女士让步了，她回答道："人们有时会把大头针藏在手中。"

这个有点残忍的实验证明了克拉帕雷德医生的这位患者确实保留了一些记忆能力。尽管这位可怜的女士无法有意识地回忆起与克拉帕雷德上次相遇的情景，但她还是对此形成了某种记忆，也就是说她可以在某种程度上记得与克拉帕雷德握手有关的生理痛感。

我们不确定那天到底发生了什么，由于当时还没有脑成像技术，克拉帕雷德无法通过扫描她的大脑了解她脑损伤的性质和程度，然而我们却可以做出有理有据的猜测。回到我们对不同记忆类型的解释。我们可以假设这位患者的外显记忆（情景记忆和语义记忆）出了问题，但她的内隐记忆（特别是情绪记忆）完好无损。这就是为什么她仍然能够获取情绪记忆并记住糟糕的经历，比如最近那次令她疼痛的握手。

无论如何这只是个推测。近 90 年后人们才找到了支持这个推测的科学依据。让我们再来看一个设计精巧又非常有趣的实验。

1995 年，艾奥瓦大学的研究人员比较了三位受试者：一人海马受损（对情景记忆和语义记忆都至关重要），一人杏仁核受损（对情绪记忆很重要），还有一人这两个组织都有损伤。

研究人员先向受试者展示一些不同颜色的灯光，但蓝光之后总是伴随着一声响亮又恼人的喇叭声，这是为了建立一种对蓝光的条件性恐惧反应。重复几次以后，研究人员展示了一束不伴有喇叭声的蓝光来检测受试者是否会感到恐惧。经过几次试验，无脑损伤的受试者最终在看到蓝光时都会感到恐惧（因为他们害怕再次听到喇叭声），研究人员随后测试了脑损伤受试者的反应。

那位海马受损（外显记忆）的受试者没有形成任何有关实验情景的记忆，但她确实建立了条件性恐惧反应。换句话说，她的海马受损让她患上了遗忘症，因此无法获得任何外显记忆，她不记得实验的情景，也不记得蓝光与喇叭声之间的联系，但通过完好的杏仁核，这位受试者仍然能够形成情绪记忆，所以当蓝光出现时她立即感受到了恐惧，尽管她不明白这是为什么。

事实上，克拉帕雷德的那位患者可能和这位受试者的情况相同，唯一的区别是他俩害怕的事物不同。克拉帕雷德的患者学会了害怕握手（这会导致生理疼痛），而后面这个实验的受试者学会了害怕蓝光（这会

造成心理恐惧)。

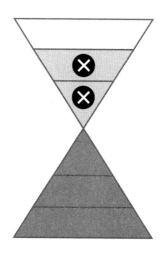

海马受损的患者——语义记忆和情景记忆受损，但情绪记忆完好。

相较之下，杏仁核（情绪记忆）受损的受试者对蓝光没有产生条件性恐惧反应，但她能记住并理解这种情况，这与第一位受试者的情况正相反。杏仁核受损使这位受试者无法生成能够引发情绪反应（比如恐惧）的情绪记忆，因为研究人员发现她对蓝光没有任何生理唤醒，例如心跳加速等。但因为她的其他脑区完好无损，所以她仍然能记住实验的场景，了解有关实验的情况并对此进行解释说明，比如当有人问她发生了什么时，她会解释说蓝光亮起时，喇叭声会响起，但在这种情景中这位受试者没有表现出任何情绪反应。

最后说说杏仁核和海马都有损伤的第三位受试者。他既没有产生条件性恐惧，也记不住任何与实验有关的情景。也就是说前面两位受试者的问题同时出现在了他的身上。

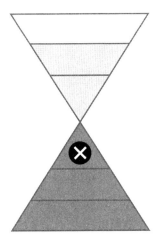

杏仁核受损的患者——情绪记忆受损，但语义记忆和情景记忆完好。

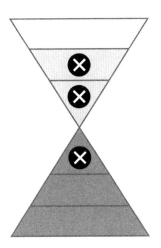

海马和杏仁核都受损的患者——语义记忆、情景记忆和情绪记忆都受到了损害。

大脑指挥官掉线的时刻

执行功能问题

现在我们想象一下，如果人们的工作记忆出现问题将会发生什么。你是否有无法专注于工作的经历？手头明明有任务要做，而你却对着窗外发呆或者干脆去刷视频、玩游戏？让我们分心的东西无处不在，我们难免偶尔无法集中注意力，但对于一些儿童甚至成年人来说，保持专注并完成任务是异常困难的，他们可能有所谓的执行功能问题。

首先让我们给执行功能下个定义，之后我们再讨论与之相关的问题或障碍。执行功能是一套高阶的心理技能，它帮助人们控制自己的行为，完成各项任务。执行功能至少涉及三种技能或能力：工作记忆、自控力和弹性思维（详见第 5 节）。

这些执行技能对我们的日常生活至关重要，它们能够帮助人们记住各种信息、按照指示办事、集中注意力、制订计划、解决问题、制定和实现目标以及控制自己的情绪和行为。

然而人们执行功能出现问题的事例也屡见不鲜，它们会以不同的方式在不同程度上对人们造成影响。上述任何一项执行技能都可能出现问题，有些人在工作记忆（保持专注、记住事情）方面出现障碍，还有些人可能在自控力（调节情绪、行为和冲动）或弹性思维（判断轻重缓急、制订计划）方面感到困难。

为了更好地说明这个问题，让我们来聊聊 12 岁的克里斯，一个深受执行功能问题困扰的孩子。克里斯很聪明，但他很难保持专注和条理。

我们来看看克里斯生命中有代表性的一天，了解一下执行功能问题是如何对儿童和成年人造成影响的。

上午 7 点

刺耳的闹钟声响起，克里斯挣扎着醒来。"现在几点？哦，好吧。时间还早，再睡 5 分钟……"他按下贪睡按钮，很快又睡着了，感觉 5 分钟已经过去，克里斯一把抓起手机，"现在几点了？"

上午 8 点 15 分

"啊呀！我迟到了！没有时间吃早餐了。"

上午 8 点 25 分

刷完牙匆忙穿上衣服后克里斯抓起背包，飞奔下楼梯，跑出去赶公交车。"我现在出来了……等等……感觉好像忘了什么东西。啊呀！我的午餐盒。"克里斯跑回屋里，抓起厨房台面上的一个袋子后又跑向公交车站。公交车马上就要开走了……"如果我没赶上这趟，我得再等15 分钟……"

上午 8 点 40 分

"呜！终于上了车。我还可以赶上第一节课……"在车上克里斯打算听听他最喜欢的歌曲，但手机马上就要没电了，他昨晚忘了给手机充电。

上午9点15分

"迟到了15分钟……没那么糟糕……"克里斯想好好听老师讲课，但他很难保持专注。他盯着黑板，假装自己在认真听讲，但他一直在走神。这时老师问大家："大家都听明白了吗？"克里斯像其他人一样若有所思地点了点头，因为他不想让别的同学认为他很愚蠢。

上午10点20分

老师问："你们有谁想做一份和今天课程内容有关的作业？"克里斯很害怕，他不希望被点到名，因为课程内容他只听了一半，他不知道自己该做些什么。

下午2点30分

克里斯的同学鲍勃和爱丽丝提议一小时后去看部新电影。克里斯很激动，因为这部电影很棒，他查看了自己的日程，"啊呀！电影与我练球的时间重了，这会是我本月第三次错过足球训练了，但我也绝对不能错过这部电影……"克里斯很难给这些任务排出优先级——他经常接手多个任务，但在发现自己没有时间完成任何一个的时候就会抓狂。

下午5点30分

走出电影院，克里斯意识到自己把夹克衫忘在衣帽间了，他跑回那里去取，"好险啊。今年我差点丢了两件夹克。"

晚上 7 点 45 分

回到家以后克里斯坐下来做作业，明天要交一篇书评，但他总是很难动笔。克里斯不知道该写些什么，只能在纸上写下一个标题。他上网查了一些资料，但最后还是跳转到社交网络里去看那些好玩的视频。

晚上 9 点

又过了一个小时，克里斯几乎什么都没写，"好吧，必须得有点进展了"。多次自我激励之后克里斯终于查阅了一些资料并开始写作，不过不久以后又推倒重写。面对各种信息时，他很难把所有的想法都记在脑子里，他的思维总是从一个想法跳跃到另一个。

晚上 11 点 45 分

克里斯熬夜完成了作业，他差点累晕在笔记本电脑前。

凌晨 12 点 20 分

克里斯的就寝时间早都过了，现在他无法停止自己的思绪，所以还需一个小时才能入睡。因为熬夜写作业，克里斯感觉压力很大，睡前也没有时间放松，明天按时起床又将是一个难题。

值得一提的是，执行功能问题不算是紊乱或学习障碍，也没有人会被诊断患有"执行功能紊乱"或者"执行功能问题"。执行功能问题仅仅指的是心理技能方面的缺陷，它会导致注意力、工作记忆、自控力或弹性思维方面的困难。

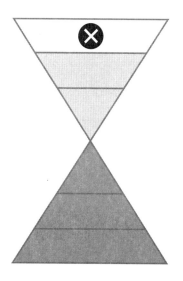

　　理智（前额叶皮质）无法正常发挥执行功能，受此影响的个体将在注意力、工作记忆、自控力和弹性思维方面出现问题。

　　我们还应注意，许多因素都可能导致执行功能问题，例如注意缺陷多动障碍（ADHD）就是一个常见的原因，它基于生理性疾病，患者很难集中注意力或者控制冲动。患有这种障碍的儿童或成年人长期缺乏条理，难以保持专注。除了注意缺陷多动障碍，还有其他一些原因也会导致执行功能问题，例如抑郁症、痴呆、脑损伤甚至简单的日常压力。

　　此外，我们不应该忘记大脑发育的自然阶段。强大的执行功能技能不是我们与生俱来的，相反，这些技能会随着大脑的发育而发展。执行功能技能主要依赖于大脑额叶——前额叶皮质。额叶是大脑最晚成熟的部位之一。执行功能技能通常在 3~5 岁的幼年时期发展最快，但在这个时期它们还不够完善，这些技能的发展贯穿了整个校园时期甚至延伸到毕业以后。实际上，执行功能技能在人们 20~25 岁时才完全成熟。

执行功能的发展需要时间，这是理所当然的。不同的个体执行功能发展的速度也各有区别，这就是为什么一些执行功能稍弱的孩子在上学时可能会落后于同龄人一截。出于同样的原因，许多人在青春期都经历过躁动不安，青少年可能仍然缺乏必要的执行技能来帮助自己控制情绪、增强条理性、考虑自己行为的后果或者在面对挫折时灵活思考。好在随着年龄的增长，大多数人往往会发展出更好的执行技能，成年后受到的挑战也会减少。

不幸的是，幼儿和青少年的这种冲动或无理行为常常被人误解。人们通常认为这些孩子懒惰、不够聪明或者没有能力取得更好成绩。事实上，这与智商或行为问题无关，像克里斯这样的孩子其实可能已经拼尽全力了。

很多儿童和青少年在大脑自然发育过程中都会面临暂时性的执行功能问题，他们可能真的很努力地想让自己变得更有条理或者更好地控制住自己的冲动，但他们仍在社交和学习方面感到困难重重。

实际上，有许多患有注意缺陷多动障碍的成年人从未摆脱执行功能问题。作为成年人，他们可能很难满足家庭需求，很难处理各种工作任务，很难在谈话中集中注意力或者可能会不断跳槽。同样地，这并不意味他们不努力或者故意想把你逼疯。

无论如何，家人、老师和朋友的支持都是无价之宝，那些支持可以帮助他们应对更多挑战，保障他们在学业、工作和日常生活中顺风顺水。

你知道奥运会游泳冠军迈克尔·菲尔普斯患有注意缺陷多动障碍吗？迈克尔 9 岁时被确诊。他在接受《人物》杂志采访时说："我和同学们都在同一个班级学习，老师对待他们的方式和对待我的方式并不相同。一位老师告诉我，我永远不会取得任何成就，也永远不会成功。"

但迈克尔的母亲黛比从未放弃他，母亲为他制定了日常规则，改变了他的饮食结构（减少糖的摄入）并让他接触到了游泳。繁忙的日程安排、高强度的训练、明确的规则，让迈克尔的生活变得更有组织和条理。起初，这使他能够在不用药的情况下集中注意力，最终通过不断练习和全心投入，迈克尔成为有史以来获得奖牌最多的奥运会运动员——共获得 28 枚奖牌，其中包括 23 枚金牌。

忘记如何走路
小中风

直立行走是我们一生中最早学会的技能之一。我们每天都会行走，所以很难想象一个人会忘记如何走路，但这确实有发生的可能——如果程序性记忆受损，基本的运动技能和习惯可能会衰退。

一个常见的例子是脑卒中。患者可能无法自动、熟练地做出大部分动作，例如系鞋带、用刀叉吃饭或挥动网球拍。

好消息是脑卒中患者有恢复程序性记忆的可能。如果脑损伤不太严重，患者至少在某种程度上可能重新学会被遗忘的技能。达到这个效果需要进行重复性训练，治疗师会帮助患者反复执行某个任务并鼓励他们回家后继续练习。随着时间的积累和不断练习，患者执行任务的表现会逐步提高。

坏消息是恢复的技能可能不像以前那样可以轻松和自动地实现。即使脑卒中过去数年以后，一个人可能仍旧依靠外显思维（explicit thinking）和外显知识（explicit knowledge）来完成大多数人认为理所当然的简单任务。

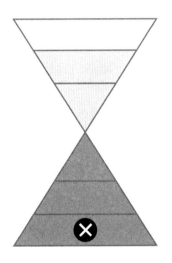

2018年8月，迈克尔·约翰逊在家刚进行完一次日常训练，他开始感到身体有些不适，尤其是左半边身体感觉异样，左臂刺痛、麻木，左腿无力且不协调。他发觉情况有些不对劲，赶紧给妻子打了电话，描述了自己的感受，家人都认为应该立刻把他送进医院，不能心存侥幸。

这确实是一个明智的决定。迈克尔，这位美国传奇短跑运动员，四届奥运会冠军，在年仅 50 岁的时候患上了脑卒中。他的问题被医生诊断为短暂性脑缺血发作（也称小中风）。

迈克尔的病情迅速恶化，之前他还能自己爬上磁共振成像的检测台，但当 30 分钟的扫描结束后，他差点从检测台上摔下来，迈克尔再也无法行走了。

一切看起来就像一场噩梦。迈克尔·约翰逊被大家认为是有史以来最好的短跑运动员之一。在 20 世纪 90 年代，他称霸了 200 米和 400 米赛场，他赢得了四枚奥运会金牌，创造了世界纪录，在过去十年的大部分时间里，几乎没有人能在"长距离"短跑项目中战胜他。粉丝们称他为"超人"，而现在，约翰逊，这位曾经的短跑冠军已经无法站立了。

遇到这种情况，每个人都会提出一些难以解答的问题：我有可能康复吗？我能自己穿衣服吗？我需要别人照顾吗？令约翰逊沮丧的是没有人能够回答这些问题，负责治疗的是一支出色的医护团队，但他们唯一能说的是：只有时间才能回答。

医生说的话让人难以接受，它让迈克尔感到恐惧，不知道自己的未来会是什么样子。之后他开始变得愤怒，问道："我没做过任何坏事，为什么不幸会发生在我的身上？"迈克尔的生活方式很健康，他不吸烟，健康饮食，坚持锻炼，保持体重，但最终还是得了脑卒中。

迈克尔一度被困在消极情绪中，直到找到一件自己可能支配的事情——康复训练。医生指出，最好的康复方案就是尽快接受物理治疗，这让他松了一口气。迈克尔很快调整到他的运动员心态，积极投身训练中，在重复的练习中渐渐恢复自己的能力。

这个男人必须克服他一生中最大的挑战：从世界上最快的"长距离"短跑运动员到需要重新学习走路的病人。中风后第二天，迈克尔在别人的帮助下下了床，第一次借助支架和助行器在医院里面走了走。具有讽刺意味的是，这次行走的距离约为 200 米——这曾是他短跑冲刺的距离。1996 年在亚特兰大，迈克尔以 19.32 秒跑完了 200 米，打破了世界纪录，而在 2018 年住院时，他花了大约 15 分钟才走完了同样的距离。

但迈克尔下定决心让自己再度跑起来。他每走一步都在重新学习，他先学会了保持平衡，然后学会了走路，又学会了上下楼梯。在家里，他每天接受两次治疗，旨在锻炼自己的力量、爆发力和运动技能。

最终他成功了，迈克尔以惊人的速度彻底恢复了。在不到 9 个月的时间里他又回到了自己患病前的状态，他不仅恢复了行走能力，还能短跑。迈克尔说："我又开始跑步了，虽然不像参加奥运会时跑得那么快，但在患病之前我跑得也不那么快。"

行走的醉汉
酒精性遗忘

在前文中我描述了一个个相当极端的案例，其中主人公的心智层级都受到了不同程度的损害。但无论你相信与否，即使你是一个绝对健康的人，你也可能会遇到类似的问题。

现在我们来了解一下所谓的酒精性遗忘。简单地说，酒精性遗忘指的是过量饮酒引起的记忆丧失。如果你受到它的困扰，即使你还醒着并能主动与周围人互动，你却无法形成任何新的长时记忆。你可以和朋友聊天，可以笑，可以跳舞，但你不会生成任何有关这些事件的新记忆。事实上，你暂时患上了顺行性遗忘症，第二天早上醒来时，你只会对昨晚发生的事情保留一点模糊的记忆甚至完全失忆。

设想一个日常生活中可能出现的场景，假如你在假日聚会上喝多了，第二天早上醒来你几乎记不得昨晚发生了什么，但事实上你自己回到了家。你昨晚走在路上，拦了辆出租车，打开家门，爬到了床上。

昨晚你脑子里到底发生了什么？一方面，酒精影响了你大脑中负责记忆（情景记忆和语义记忆）的区域，这就是为什么你无法对新的信息进行编码，最后导致你没能清楚地记住昨晚的细节。

酒精也会影响你的理智系统，后果是你很难控制自己的行为——甚至连动作协调都做不到。你也很难进行任何复杂的高层次心理活动，比如清晰地思考、关注别人说的话或者做出理智的选择。这就是为什么当我们喝醉时我们会变傻，会做那些我们清醒时永远不会做的事情——比如在酒吧跳舞或者和你刚认识的女孩或男孩亲热。

但另一方面，事情还不算太糟糕。当晚的酒精并没有影响到大脑中与你的习惯（程序性记忆）相关的区域，因此尽管你喝醉了，你仍能像往常一样，依靠你的习惯轻松顺利地回到家。

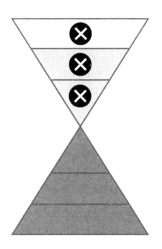

大脑的代偿机制

我们的心智由多个记忆系统组成，它们相对独立。在某种意义上，这避免了孤注一掷的风险，这意味着如果其中一个系统由于某种原因失效，其他系统仍然可以继续运行，任何一个系统出现问题，其他系统都能保持完好并会对你开展救援。

我们再回到酒精性遗忘的案例，你喝醉时可能无法记住新的信息，也无法很好地使用执行功能（批判性思维、行为控制、情绪调节），即便如此，你仍可借助你的习惯安全地回到家。

▼

小结

——

- 虽然某些人可能会因为创伤或疾病而丧失某些记忆，但他们仍然可以保留一些记忆能力。

- 几十年的研究揭示了一个有趣的事实，即在某一时刻，科学家们发现遗忘症患者实际上保留了部分记忆能力（后来被称为内隐记忆）。虽然遗忘症患者可能不记得自己是谁，但他们可以保留自己已有的技能（例如如何穿衣、如何说话），甚至可以学习新的任务和行为。

- 如果心智的某个系统受损（无论是暂时性损伤还是永久性损伤），其他系统仍可保持完好。通常情况下，如果外显记忆受损，内隐记忆仍能正常运转，反之亦然。

4
改变心智模式，重塑自我

我们从童年开始就一直在获取长时记忆。从我们出生的那一天起我们就不断地吸收新的信息——它来源于别人说的话、我们在书中读到的东西、我们在电视上看到的内容以及我们接受的其他所有外部的影响。借此我们逐渐对自己和周围世界产生了坚定的信念，我们开始建立习惯、获取经验，这些都会伴随我们长大成人。

可问题是我们的许多"程序"都是在幼年时期被安装上的，那时我们的思考能力有限。孩子的心智是高度开放的，会从周围人那里吸收各种信息，包括限制性信念（limiting beliefs）、不健康的习惯、非理性的恐惧和创伤性经历。早年植入的程序大多都无法选择，但最终我们在成年之后却要独自面对和处理。

但别担心，这是可以改变的。事实上，我们可以改变心智的每一个层级，让自己变得更加健康、更出色、更幸福。比如，我们可以改掉吸烟、晚起之类的坏习惯，养成吃蔬菜、定期锻炼这样的好习惯；我们可以改变对自己或生活的消极信念，用更积极的眼光去看待它们；我们可以通过一些努力摆脱恐惧，变得更自信、抗压能力更强；我们甚至还可以改变记忆的方式，减轻负面记忆对我们造成的困扰和影响。

当然这并非易事。这些程序大多已存在多年，为我们营造出一个特定的舒适区，因此每当你想要做出改变或者尝试时，自然都会感受到情绪甚至生理上的不适。

但是至少在某种程度上，你绝对可以给自己的大脑"编程"和"重新编程"，否则心理治疗或个人发展培训之类的东西根本不会存在。

在这种背景下，我们再回头看看记忆这个概念，在前面几章里我们已经对此进行了详尽的讨论。了解不同记忆类型的本质是实现改变的关键之一，比如改变你的习惯（程序性记忆）需要时间和连贯性，改变你对自己或世界的消极信念（语义记忆）需要知道如何识别思维中的错误假设，提升记忆（情景记忆）或战胜恐惧（情绪记忆）你需要学习如何处理激情，诸如此类，不胜枚举。我们需要独特的方法和工具来应对以上每一种情形。

本书第二章和第三章将详细介绍做出改变以及心智管理的实际方法，我们会分别讨论金字塔模型的各个层级并学习如何合理地使用它们。

自我发展的整合方法

如果你读过前言，你就会知道我代表了心理治疗中的整合传统，这是我实现自我掌控和自我发展的理论基础。如果你跳过了这一部分，我建议你翻回去读一下，因为它能帮你更好地理解本书的背景和写作动机。

这里做一个简短的回顾。学生时代我一边学习心理治疗一边学习武术，在这两个领域中我不想追随任何单一的风格或者流派，最终我决定采用整合的方法，因为无论是在格斗方面还是心理治疗方面，其他流派都可以提供许多有效的方法和技术，这是我绝对不能忽视的事实。此外很重要的一点是，当你丰富和扩充了你的技术储备，你就能以更加充分的准备从容应对各种情况。

希望我已经让你了解了一些写作背景，这样你就能理解为什么我要在一本阐释如何实现内心平和与幸福的书中使用那些有关格斗的隐喻。

说到整合性自我护理，我喜欢用综合格斗来做类比。我这里先来快速介绍一下综合格斗课程包含的内容，之后我们再回到整合性自我护理这个话题并讨论我们的心理健康计划。

虽然综合格斗是不同格斗类型的混合体，但它并不是混乱的代名词，这种格斗类型背后其实有一个非常清晰的结构。我们可以把综合格斗的技术组合分成三个核心部分：站立格斗（stand-up fighting）、缠抱格斗（clinch fighting）和地面格斗（ground fighting）。

顾名思义，站立格斗是双方用站姿进行的格斗。它通常包括出拳、踢腿以及膝盖和肘部击打动作。站立格斗最常见的类型包括拳击、空手道和踢拳等。

缠抱格斗以格斗双方的缠抱（站姿的搂抱缠斗）为特点。它通常包含缠抱、膝击和摔跤技术。桑博格斗（sambo）和柔道是最出名的缠抱格斗类型。

地面格斗就是格斗双方在地面上进行的格斗。它包含地面姿势击打、擒锁技和降伏技。古典式摔跤和巴西柔术中多使用这种地面格斗技术。

这三个部分基本涵盖了格斗术的方方面面。当被摔倒在地时许多人都会不知所措，但这难不倒综合格斗家，站立格斗、缠抱格斗和地面格斗他们样样精通，因此即使被摔倒在地，他们也有很多妙招击败对手。

大家已经基本形成共识，即任何一位综合格斗运动员想在比赛中获胜，都必须兼顾这三个方面的训练。你可能是一名拥有出色摔跤技术的职业摔跤运动员，甚至可能像龙达·鲁西[1]一样获得过奥运会奖牌，但如果缺乏其他两个方面（站立格斗和地面格斗）的必要技术，你在综合格斗领域仍然走不远。

然而不同的综合格斗运动员在技术选择和背景方面也会有所区别。例如，一些综合格斗运动员可能通过专注于拳击练习来提升他们的站立格斗水平，而其他人可能会选择泰拳和卡波耶拉（capoeira），还有一些人可能拥有深厚的跆拳道基础，等等。这就是为什么每一位综合格斗运动员都有自己独特且无法预测的技术风格。

虽然整合治疗师设法将不同的方法结合起来，但这并不意味着整合

---

[1] 龙达·鲁西是一名综合格斗家，同时也是一名职业摔跤运动员。她在2008年夏季奥运会中摘得一枚柔道项目的铜牌，之后她开始了综合格斗运动的职业生涯。

疗法就是不同方法的大杂烩，也不意味着整合疗法缺乏结构性或者整合治疗师只是随机选取他们认为有效的方法。经验丰富的整合治疗师通常是训练有素的，他们会根据特定的原则和体系来结合不同的技术，因此你不会觉得课程过于松散或试验性太强。

那么整合疗法背后的结构到底是什么？我无法代表所有的整合治疗师在这里给出一个结论，因为他们对整合疗法的看法和操作方法都不尽相同，但至少在我看来，整合治疗师的基本共性是他们能够处理多方面、多维度或多层级的心理健康问题。

"整合"一词指的不仅仅是将解决问题的不同方法结合起来，也指将构成心理健康的不同层级或各个要素结合在一起。

通常来说，整合治疗师至少会考虑到治疗对象身体机能的三个主要层级，即认知层、情绪层和行为层，换言之，他们的治疗涉及思维、情绪和行为。基本上这是最低标准。

当然他们关心的内容有时远不止这些，一些整合治疗师还会考虑到生理层和社会层，这意味着他们会关注你的生理感受并分析你生活中的社会因素（例如你的社会关系、教养、环境和文化规范对你的影响等）。①

整合疗法的最终目标是疗愈各个层级——照顾到身体机能的各个层级（即认知层、情绪层和行为层），最大程度地发挥它们的潜力。

———————————

① 作为治疗师，我自己通常会考虑到生理层和社会层。尽管这些层级非常重要，但和那些与我们心智有关的层级相比，我还是选择把它们看作辅助性层级，因此我在本书中没有对它们展开讨论，也许在下一部著作中我会专门讲解。

我们拿综合格斗来做一个类比。要想在格斗中取胜，你需要熟悉各个方面的格斗技术，包括站立格斗、缠抱格斗和地面格斗。整合疗法和它是一个原理，无论是自我护理还是给他人进行心理治疗，你都需要通晓影响心理健康的各个要素，尤其是认知、情绪和行为。

你可以使用多种多样的技术来管理这些要素或层级，比如采用认知行为疗法帮助自己更好地管理思维。许多认知技术可能都非常有用，但如果它们目前对你或你的治疗对象不太奏效，你可以尝试其他方法。

改变心智各个层级

本书所建议的训练计划涉及金字塔模型的六个层级。如下表所示，每一个层级都对应了一个特定的训练目标。

层级	训练目标
1. 理智	培养正念
2. 信念	管理思维
3. 记忆	管理记忆
4. 情绪	调节情绪
5. 言语	创作建设性的故事
6. 行为	养成好习惯

本书第二、第三章中每一节的结构都相同，每节都包含三种简单而有效的技巧。你可以一并使用，也可以单个使用，用来帮助自己达成对应的训练目标。

需要指出的是，心理治疗的主要流派正是以心理健康的这六个主题或层级作为研究对象，我不想做详尽的比较分析，因为这毕竟不是一部学术著作。我将用下面这个表简要介绍一些心理疗法的主要内容和关注点。

主题	内容简介	疗法示例
1. 理智	正念认知疗法采用冥想练习，引导人们培养正念（将注意力集中在他们自己的想法或感受上而不做任何评判）	正念认知疗法
2. 信念	认知疗法主要帮助人们探索和改变他们的思维方式	认知行为疗法
3. 记忆	心理动力学疗法主要关注个人过去的经历，帮助人们了解自己过去的经历如何影响他们现在的行为	心理动力学疗法
4. 情绪	几乎所有类型的心理疗法都会以不同的手段处理情绪问题，但有些疗法在治疗过程中将情绪放在首位，比如情绪聚焦疗法	情绪聚焦疗法（emotion-focused therapy/EFT）
5. 言语	言语疗法主要关注我们说话的方式，它可以解决语言障碍，帮助我们提升沟通技巧。另外，如叙事疗法等其他疗法还会关注我们说话的内容，引导我们创作并讲述更多关于我们生活的积极的故事	叙事疗法（narrative therapy）
6. 行为	行为疗法旨在发现和改变人们的问题行为，常见的如暴露疗法	暴露疗法

金字塔模型确实不是万能的理论，但作为一个整合性体系，它弥合了众多主流自我护理方法之间的差异。换言之，它能够同时兼容许多主流的方法，例如，如果你是认知疗法（如认知行为疗法）的忠实拥趸，你仍能够在整合疗法的体系下运用自己的思维，甚至使用认知行为疗法常用的相同技术。

但更重要的是你多了一个选择。如果你愿意的话当然可以只关注自己的认知层级，但你也可以选择更进一步，比如你可以跳到上一个层级去练习你的正念技巧或者降到下面的层级去探究你过去的经历和你的习惯，抑或前往其他任何值得关注的层级。

本质上，我们的终极目标是疗愈心智的各个层级，忽略六个层级中任何一个，你的整体健康和表现都可能受到影响，比如知道如何战胜自己的消极思维很重要，因为它们会导致焦虑、自卑甚至抑郁。但这还不够，知道如何处理自己的伤痛记忆同样重要，因为它们会困扰你数年甚至数十年，让你倍感沮丧或失望。此外，了解如何改掉坏习惯也很有用，因为它们会系统性地破坏你的健康和表现。其他层级也是如此，各有用途。

相反，如果你能照顾好每一个层级，这可能会对你的健康和人生产生巨大的积极影响。关键是，每一个心智层级都对我们的健康和幸福发挥着独特而重要的作用，如果能关注到全部六个层级，我们就能发挥出协同作用，进而从根本上改变我们的健康状况，提升我们的日常表现，并显著提高我们的生活质量。

总而言之，我们的计划是将你培训成一名技术全面的自我护理师，至少我会尽我所能帮助你实现这个目标。像综合格斗练习生一样戴上手套吧，我们的训练马上开始。

小结

——

- 记忆相对来说是不易改变的，出于这个原因，自我改变往往又难又花费时间，例如你很难改掉自己的习惯或克服自己的恐惧症。

- 尽管如此，改变仍是可能的。在必要的情况下你可以修改脑中根深蒂固的"程序"，例如，你可以有意识地质疑自己信念的真实性或是改变自己的习惯等。

- 整合疗法的一个前提是心理健康的所有方面或维度都至关重要。

- 整合治疗师往往会疗愈多个心智层级，包括情绪、认知、行为、生理等。

- 专家建议人们关照好各个心智层级，以保障我们的健康和幸福，达到最佳状态。

▼

第一章视觉摘要

金字塔模型的层级　　　　**记忆类型**

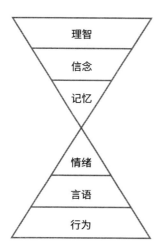

自上而下依次是工作记忆、语
义记忆、情景记忆、情绪记忆、程
序性言语记忆和程序性运动记忆

训练计划

层级	训练目标
1. 理智	培养正念
2. 信念	管理思维
3. 记忆	管理记忆
4. 情绪	调节情绪
5. 言语	创作建设性的故事
6. 行为	养成好习惯

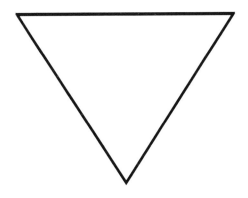

第二章

顶部金字塔

5

掌控注意力：
放弃执念，专注当下

首席执行官（CEO）是一个组织的最高领导，首席执行官的任务是做出关键的管理决策并带领组织走向成功。无论你是否在商界担任过首席执行官，你大脑中都会有一个区域负责执行功能。

你可以把理智系统（或前额叶皮质）称为管理系统、执行系统，或者干脆称它为大脑的"首席执行官"。在大脑中前额叶皮质就位于前额后方，它是大脑最后发育的区域之一，大概在人25岁时才彻底成熟。它负责那些对成年人来说至关重要的技能，如集中注意力、控制冲动、合理判断、设定目标、解决问题、做出决策等等。

总体而言，人们认为所谓的执行功能是由大脑前额叶皮质负责。执行功能已经成为一个统称，涵盖了能够帮助我们完成任务的各种高级心理技能和能力。不同研究人员对执行功能的看法也不尽相同，许多人都把它视为一些重要技能的集合体，包含了注意力控制、工作记忆、弹性思维和自控力，这些被统称为执行功能技能。

执行功能技能	含义	示例
注意力控制	集中、维持和转移注意力的能力	• 忽略那些让你分心的事情，专注你手头的任务（例如专注地听课、看书、修车、玩电子游戏） • 在机场显示屏上搜寻你搭乘的航班 • 检查商务信函中的错误 • 在一幅图中画出直线 • 当你听到有人喊你名字的时候转过身来
工作记忆	在大脑中短时间存储以及处理信息的能力	• 记住你刚刚阅读过的内容 • 回想起你第一任老师的名字（从长时记忆中检索信息）
弹性思维	解决问题、制订计划、多角度思考问题的能力	• 考虑一道智力测试题的多个可能的答案 • 购买前对两件商品进行比较 • 考虑一道数学题的两种不同解法 • 意外情况发生后对原计划进行调整
自控力	控制行为（包括行为发起、行为引导和行为监控）、抑制冲动和调节情绪的能力	• 当你的身体已经疲惫并发出想要休息的信号时强迫自己再多跑一英里 • 初学驾驶时能够缓慢又小心地转动方向盘 • 面对批评时不让自己有过激的反应 • 在商务谈判中不会说出不该说的话 • 克制自己在晚上吃巧克力蛋糕的冲动 • 阻止自己做出危险的行为

　　每一项执行功能技能都在独立地发挥着自己重要的作用，但它们也相互协同、相互配合，因此我们能够顺利地进行自我调节以及日常任务管理。

　　当人们的执行功能出现问题时，他们生活的方方面面都可能受到影响，包括家庭生活、学校生活、职场生活和社会生活。这些人会感觉难以保持专注、处理情绪、调节行为或实现长期目标。我们在前文中已经讨论了所谓的"执行功能问题"（见第 3 节），现在是时候考虑应当采取什么样的措施来培养和强化我们的执行潜能了。

让我们先来讨论一个问题："我们如何探测意识思维的活动呢？"根据经验，所有意识思维的活动都要求我们集中注意力，看一看上面表格中的示例，所有的活动都需要我们集中注意力才能完成。当你想记住一些信息或者尽量让自己不要忘记一些事情时，你需要集中注意力；当你想积极地思考时，你也需要集中注意力；当你要引导和控制自己的行为时，你还需要集中注意力。如果你分心了，注意力被分散了，你的表现肯定会大打折扣。

因此集中注意力是一项最基本的技能，更重要的是它是可以在后天进行培养和提升的；即便你在注意力方面没有任何问题，那些帮助你提升注意力和活在当下的策略也一定会让你受益匪浅。

常见问题：
大脑走神

我相信你听过很多关于"活在当下"的说法，但你真正明白这句话的内涵吗？难道我们不都是在当下活着吗？嗯，从身体上说是这样没错，但在精神上我们可能与当下相去甚远。

意识思维的重要作用是帮助我们注意到或记住当下发生在我们身边的事情。没错，我们确实能够意识到此时此刻我们正在做的事情，例如你能意识到你正在洗澡而不是在去往杂货店，然而每当我们开始下意识地执行某些行为的时候，意识就会脱离当下，在这种情况下我们就会走神，比如你可能正陷入沉思，做着关于购买一台新车的白日梦，或者考虑着你的周计划，等等。

我们为什么会走神？我认为首先是生理原因。大脑每秒都需要处理大量的信息，它常常将我们的注意力从当下转移到别的心理过程中，比如你可能正陷入一些漫无边际的杂念之中，也可能正在进行自我剖析或对最近发生的事情进行评判，还可能沉迷于幻想。因此，我们可能在很多时候都处于精神游离状态。

走神的第二个原因可能与技术和现代生活方式有关。作为现代信息社会的成员，大量新信息和刺激对我们不断进行着"轰炸"，这种情况在人类历史上是前所未有的。坦率地说，新生代早已养成了随时寻求新鲜刺激的习惯，我们都会刷手机、查看信息、回复帖子等等。因此可以说，如今人们不太习惯只专注于一件事，如果刺激的强度达不到日常水准，大多数人很快就会感到厌倦。

也就是说，走神并不完全是坏事，这实际上是我们大脑正常工作的一部分内容，在"自动模式"（指下意识地、不假思索地执行某些行为的状态）下，我们能够制订计划，考虑如何应对不同的情况，寻找创造性的解决方案，了解周围发生的事情，等等。因此，即使我们可能会时不时地走神，我们仍然可以在这种状态下做很多事情，这些事情对我们生存和每日正常运转至关重要。

虽然走神确实有一些好处，但它也会给我们造成很多困扰，一切都取决于你走神的时点和频率。如果你在生活中那些需要事先筹划和当下处理的场合开小差，例如与他人沟通、学习、做出商业决策、与你的爱人共度时光等，那么这就是一个问题了。

总的来说，如果我们过分依赖于自动模式，我们就会对自己的行为缺乏自觉的控制，这会对我们的健康、幸福和日常表现产生负面影响，具体影响如下。

- 错过当下——当我们充分发挥意识的作用时，我们就会注意到生活的方方面面，包括好的方面和坏的方面，但如果我们切换到自动模式，我们就不会真正与我们身边的世界建立起联系，最终我们就会错过眼下发生在我们身边的许多事情。例如你可能会忘记别人在谈话中告诉你的事情，不得不让他们再重复一遍，或者你可能会突然意识到自己已经不记得刚刚读过的内容，需要翻到前面去回顾你最后抓住的那个要点。

- 错过美好的时刻——如果我们每天都处于自动模式，我们就很难关注到当下的美好和神奇，"地铁中的小提琴家"实验就是一个很好的证据。乔舒亚·贝尔是世界上最出色的小提琴家之一。2007年，他假扮成一名街头音乐家，在华盛顿特区的一个地铁站里进行免费演奏，乔舒亚用价值350万美元的小提琴演奏了大约45分钟。由于是人流高峰时段，成千上万的人在地铁站内穿行，但他们中有多少人会停下来欣赏乔舒亚的演奏呢？在45分钟的时间里，实际上只有7个人在乔舒亚面前停下脚步听了一会儿，而其余的人都匆匆而过，一刻也没有停留。

- 盲目的决策和错误——出于同样的原因，我们也很容易在决策和行动中犯错。如果我们一直处于走神的状态，我们在采取行动的时候就不会停下来思考我们正在做什么以及如何做这样的问题，这有时会导致生活中的错误、工作中代价高昂的过失甚至一些致命的危险。以开车回家为例，据统计，大多数车祸就发生在驾驶人的家附近，这是因为如果我们太过熟悉和习惯某条路线，我们就会变得不太专心，在驶入道路前忽视附近的车流情况或在驶出加油站时忘记查看后视镜。

- 遗忘——我们在走神的时候会变得健忘。你是否打算在回家的路上去杂货店买一瓶牛奶或其他什么东西但最后忘记了？这是由于意识在记忆过程中扮演着重要的角色。当我们心不在焉的时候，我们真的很难对新信息进行编码。这就是为什么每当我们处于自动模式时，我们很难回忆起最近发生的某些事情的细节甚至我们自己的某些行为。举个例子，你记得自己早晨开车去上班的情景吗？老实说，有时我们的大脑可能对此一片空白。你可能还记得自己是如何离开家或如何到达工作地点的，但中间驾驶过程可能已经全忘了。同样，你可能会很快忘记刚见到的人的名字，你可能记不住前几天看了什么电视节目或者把车钥匙放在哪里，你也可能会怀疑自己早上出门时锁了门或者关掉了炉灶。

- 感觉时光飞逝——你有没有觉得几周甚至几个月的时间都是转瞬即逝？在这种自动模式下，我们会感觉时间以更快的速度在流逝。实际上，无论在我们童年时期还是成年时期，时间流逝的速度都是一样的，唯一的区别是我们是否活在当下。如果处于自动模式，你就无法很好地记住当下，所以会感觉时间流逝得很快，这就是为什么我们在匆匆忙忙辗转奔波几次之后会突然意识到这一年的光阴已所剩无几，不安和焦虑也会涌上你的心头。可能在新年来临之际你却在忧伤地回顾过往，想知道那些日子、那些时光都去了哪里，时间都去哪儿了。

训练目标：
培养正念

走神的对立面就是正念。正念是一个出自佛教的概念，释迦牟尼将正念看作通往涅槃和开悟的八正道中的一个，然而如今，正念冥想已经成为一种完全世俗化的练习，被积极应用于教育、体育、商业甚至军事等各个领域。此外，越来越多的治疗流派将冥想作为其治疗计划的一部分。

那么什么是正念呢？对这个术语的定义心理学界没有达成普遍一致，不过我认为我们可以将正念定义为一种"不加评判地专注当下的能力"，让我们把这个定义分解成以下两部分进行讨论。

专注的能力	这意味着你将注意力集中在当下正在发生的事情上而非迷失在自己的想法之中。你不会走神，也不处于自动模式，你只专注于自己当下正在做的事情以及正在听的、看的或感受到的东西
非评判的态度	这意味着你将关注想法、感受、事件等现在正在发生的一切而不去评判它们。你不会对正在发生的事情进行评判，也不会给它们贴上任何标签，比如"对"或"错"、"好"或"坏"等等，你只是以开放、好奇和非评判的方式观察它们

　　你可能会想，正念和冥想是一回事吗？这两个术语确实经常被混用，但很少有人对它们做出解释，这更增加了大家的困惑。其实它们并不是一回事，正念和冥想两者是有区别的，我需要在此先厘清这两个概念。

　　简单点说，正念是一种心态，而冥想则是一种练习。正念是一种活在当下的能力——能够意识到现在正在发生的事情而不加以评判；而冥想则是一种练习或者活动，即你所做的事情。冥想分为很多种，比如禅坐、行走禅、善意冥想、身体扫描冥想等等。冥想有助于培养诸多积极品质，例如善意、慈悲、平静的心态等，更重要的是冥想有助于我们培养正念。换言之，如果你练习冥想，你可以让自己变得更加专注——专注当下，减少分心。类比一下，如果冥想是锻炼或者健身，那么正念就是你通过锻炼或健身培养出来的力量或耐力。

　　现在的主要问题是：为什么我们要通过训练让自己变得更加专注？因为现有研究表明，正念可以对大脑和身体的每个系统都产生有益的影响，其益处体现在以下几个方面：

- 提升心理健康水平，例如减轻焦虑、抑郁、压力、痛苦、唠叨的症状。
- 改善身体健康状况，例如更好的睡眠、正常的血压。
- 改善认知功能，例如提升自我意识、延长注意力持续的时间、减少与年龄相关的记忆丧失。
- 增加幸福感和生活满意度。

说实话，针对正念的科学研究尚处于起步阶段，我们还需要更多的研究来确定哪些问题可以通过正念和冥想练习来解决和处理。尽管如此，毫无疑问，你仍然可以从培养当下意识的练习中获益颇丰。

练习 #1：
将注意力一次次地拉回来

作为第一个练习，它能够帮助你树立对于自己走神的正确态度，这是在你开展冥想练习之前的一个非常重要的步骤。这好比在挥拳之前学会如何握拳，因为如果你没有以正确的方式握拳，你的手可能会被折断。

一个常见的误解是"冥想就是让你的大脑变成一片空白"，或者"正念就是一种没有任何想法的状态"。

然而，大脑并不会真正保持静止。如果你正在冥想，同时试着把注意力集中在某一个事物上，比如你的呼吸，你会发现在某个时刻你的注意力已经离开了你的呼吸而转移到了别的地方，比如你可能开始回想以往某个压力情境或者开始计划明天的工作。

事实上，许多人就是因为有"放空大脑"这样的想法，所以他们往往在冥想的道路上半途而废，无法最终收获冥想的经验或益处，因为几乎所有"放空大脑"的努力最终都会以走神而宣告失败。不得不说，走神真的特别容易挫伤你的积极性。我记得我在第一次冥想时，因为自己的注意力没有长久地停留在某个地方而感到非常恼火，我感觉自己完全做错了，因为我当时认为，只有将当下的注意力精准地、持久地集中于某个地方，才算是合格的冥想。

好消息是，你实际上不需要让你的大脑变成一片空白。虽然冥想会让你的心平静下来，但这并不意味着你应该主动放空大脑或驱逐想法。通常来说，冥想意味着集中自己的注意力以及在意识到自己的思绪已经偏离的时候将注意力重新集中起来。以下我列举了一些方法，帮助你正确面对自己偶尔的走神，希望你不要再将其视为错误或者失败。

首先，你应该认识到走神是一种自然状态，与其称之为"走神"，不如称之为"用自动模式进行思考"。我们不妨任由那些想法在脑中出现又消失，这本身也没有什么问题，因为这正是大脑所做的事情。更确切地说，这正是信念系统所做的事情。信念系统就是以自动模式处理信息和产生想法的（详见第 5 节），无论我们是在进行冥想还是其他日常活动，我们的信念系统都在不间断地进行着这项工作。

我们基本上没有任何办法关闭这个时刻在产生想法的自动模式，即使你已经连续冥想了 7 天，那些想法依然每隔 10 秒左右就会在你大脑中闪现出来。其实如果信念系统真的因为某种原因停止了正常工作，那么你就无法正常做计划、做分析或者做白日梦，这对于你的生存和日常生活来说将是一个严重的问题，因此让我们感谢它为我们所做的重要贡献。

其次，走神其实是正念和冥想练习的一个重要组成部分，偶尔走神反而能够帮助你更好地集中注意力。这听起来可能有点出乎意料，甚至有些自相矛盾，但事实的确如此。我来解释一下。

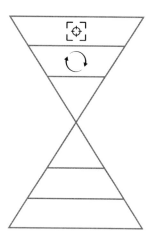

当理智系统将注意力集中在某个事物上时，信念系统会以自动模式产生想法以及处理信息。

简单地说，冥想就是训练将自己的注意力集中在当下，不要跟随自己的想法回到过去或前往未来。也就是说你需要给你的注意力选择一个焦点，比如对自己呼吸的感觉，每当你的注意力游离时再把它拉回来。如果我们对正念和冥想练习的主要阶段做个总结，它看起来会是下面这个样子：

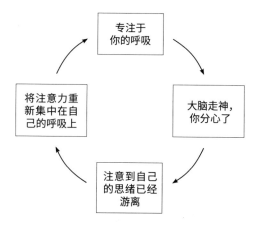

如上图所示，正念和冥想练习都要经历这样一个可预测的过程。在冥想入门课程上导师会指导你将自己的注意力集中在某个事物上，常见的比如你的呼吸。说起来这是一项非常简单的任务，但说起来容易做起来难，不信的话你可以尝试几分钟看看会发生什么。过不了多久你就会开始想那些无关的东西，在某个时刻你可能会意识到自己的注意力已经完全不在呼吸上了。意识到这一点的时候你可以让自己马上脱离杂念，将注意力重新集中在自己的呼吸上。但不要以为这时你已经成功驯服了自己的大脑，因为过不了多久你会再次走神，整个过程又会被重复一遍。

看起来这种走神的倾向会成为冥想练习中的一个棘手问题，但事实上走神反而能够让我们的注意力的各个方面得到锻炼。再看看上面的那个图示，你就会明白我的意思：

- 当你专注于呼吸时，你在使用一种保持注意力的技巧。
- 当你发觉自己出现了一个杂念时，你在使用一种识别分心的技巧。
- 当你将注意力拉回到呼吸上时，你在使用一种转移注意力的技巧。

如果你的大脑从不走神，那么你如何能够意识到自己在分心，如何做到让注意力重新集中起来呢？你做不到。事实证明只有在我们走神时，只有当那些杂念出现时，我们才有机会和条件充分培养自己控制注意力的技巧。

做一个简单的总结。我们学到的第一点是：大脑走神是很自然的。心智的某些层级正是在自动模式下运转，它们每秒都要处理外界输入的海量信息，因此让我们感谢它为我们做的重要贡献。第二，在冥想练习过程中出现那些不断闪现又消失的念头甚至是有好处的。一开始你可能会因为自己不时分心而感到沮丧，但你借此学会了发现自己分心的时刻，也学会了将注意力重新集中到自己呼吸上的技巧，所以此时你仍在进行着练习，也在逐渐延长自己注意力持续的时间。

因此如果你无法放空大脑或者清空思绪，你也无须担心，这真的不要紧。我们在冥想、开车、做饭或者交谈时都会偶尔陷入一些无关的想法之中，这是常有的事。我们的目标只是认识到这种情况出现的时机并将注意力一次次地拉回来。

练习 #2：
五官感觉训练法

幸运的是，我们总可以在一些工具的帮助下将我们的注意力带回当下。可供大多数人随时支配的一个基本工具便是我们的五官感觉——触觉、嗅觉、听觉、视觉和味觉。

五官感觉是你进入当下的大门，这是因为只有你的感觉才真正了解当下，知道此时此刻正在发生什么。很显然，你并不能"品尝"未来或者"触摸"过去。你的感官只能感知当下正在发生的事情，它与你的幻想或记忆形成了鲜明的对比。你的幻想或记忆能够带你穿越时空，前往未来或回到过去。

　　所以如果你想与当下重新建立起联系，最简单的一个方法就是用心接收五官给你的感觉信号。五官感觉中的任何一个都会让你摆脱"非当下"的幻想或记忆，恢复与当下的联系。

　　这项训练是正念练习的一个很好的切入点，它快捷、易学、易操作，只需几分钟就能够感觉并扫描发生在你身边的事情。更重要的是，你可以在任何地方开展这项训练，无论是在床上、办公室、咖啡厅还是散步的途中。

　　当你开始这项训练，你会惊讶于生活中有那么多事情发生在你不经意间。你将会发现更多的味道，听到更多的声音，看到更多的细节。

　　下面是一个简要的训练流程指南，指导你更好地利用自己的五官感觉。你唯一要做的就是留意此时此刻的感官感觉，无须做任何评判。

流程指南

1. **放松**——找一个自己不会被打扰的时间。先做几次深呼吸，让自己放松下来。

2. **接收信号**——将自己的注意力集中在某一种感官感觉上，持续至少一分钟。你只须专心体验这种感觉（视觉、听觉、嗅觉、触觉或味觉），无须做出任何评判。选出那个当下你觉得最合适的感觉。下面我给出了一些例子，帮助你正式开始练习。

视觉
将注意力集中在周围环境中你能看到的东西上。选择任何一个你平常没有留意过的对象，仔细观察它的细节，其中包含它的形状、质地、颜色、色调、光线变化和运动轨迹。尽量不要给它贴标签，也不要去分析或判断它是好是坏，你只须纯粹地观察。

听觉
用心聆听你周围的声音。敞开胸怀去接纳所有的背景声音，特别留意那些你平常未曾察觉到的细微声响，它可能是树叶轻柔的沙沙声、窗外鸟儿的啁啾声、附近道路上车辆的噪声、滴水声、冰箱发出的嗡嗡声或者你播放列表中的歌曲。尽量不要对你听到的声音进行评判或评论，你只须纯粹地聆听。

(续表)

流程指南
嗅觉 花点时间留意一下你周围的各种气味，尝试去捕捉你平时忽略掉的那些清淡的气味。周围空气闻起来是热还是冷？闻起来是否干净清新？或许你会闻到从附近的意大利餐厅飘来的烤比萨味或者刚修剪过的草坪的气味。你闻到了香水味、花香味或海洋咸咸的味道吗？你闻到了咖啡的香味吗？尽量不要评判那些气味是否令你感到愉悦，你只须用心地捕捉它。
触觉 将你的注意力转移到你目前感觉到的事物上，可能是你的脚踩在地上的感觉，手臂接触到桌子光滑表面的感觉，衣服的面料贴着皮肤的感觉，微风掠过脸颊的感觉，冷热温度的感觉或者淋浴时水落在身上的感觉。尽量不要对那些感觉进行任何评判或分析，你只须专心体会那些感觉就好。
味觉 将注意力转移到你口腔中的味觉上，首先用舌头舔一舔牙齿和面颊，注意当前留在口腔中的味道，也可以喝一口饮料或吃一小口零食，然后把你的注意力集中到味觉上，感受它们带给你的所有味道和口感，比如甜味、苦味和余味。尽量不要判断食物的好坏，用心品味即可。

练习 #3：
专注式冥想

有很多冥想技巧可以帮助我们培养正念，现在我们来讨论一个最基本的冥想技巧，它被称为专注式冥想。如果你是冥想的初学者，专注式冥想将是一个很好的选择，因为它相对容易学习和练习，另外，科学研究已经证明这种冥想形式能够为练习者带来诸多益处。

当你练习专注式冥想时，你不仅在训练将自己的注意力集中在当下（而不会被杂念带到过去或未来，并且事事担心），你也在逐渐培养一种平静、专注的心态。随着时间的推移，这将会产生深远的影响：它可以减少你的喋喋不休，缓解你的压力，让你变得更加澄澈和友善。

顾名思义，专注式冥想要求练习者将全部注意力集中在一个选定的对象上。与注意力分散的恍惚状态不同，专注式冥想能够帮你学会将注意力集中并保持在某一件事物上，最常见的就是对自己呼吸的感觉、让你平静的某种声音、某种气味或者周围的某个物体，而当你走神时你会被要求将注意力重新集中在那个选定的焦点上。

我们的目标既不是思考呼吸的过程，也不是控制它，我们只是纯粹地观察和体验它。当空气进入和离开你的身体时，你要留意空气的流向，感受你的肺部如何被空气充满，注意你的腹部在呼吸时如何轻柔地起伏，注意你的横膈（肺部下面的肌肉）如何运动，专注于每一次呼吸的质量：它是快还是慢，是深还是浅，呼吸间隔多长时间。

此外还有一个要点需要注意：专注式冥想并不是大脑空空地坐在那儿，大脑走神是不可避免的，它迟早都会发生。关键是你需要意识到自己的注意力已经偏离了正轨并能够将它一次次地拉回来。

流程指南
Ⅰ. **安定心神**——选择一个安静、舒适并且没有外人打扰的地方。无须将双腿盘坐，找到一个舒适的姿势即可，身体放松，但请挺直后背，不要太紧绷或太僵硬。如果你坐在地上，双腿可以交叉，如果你坐在椅子上，确保你的脚能接触到地面。闭上眼睛，减少视觉干扰。当你静坐的时候，将注意力集中在自己的身体上。

(续表)

流程指南
2. **专注于你的呼吸**——轻轻地将你的全部注意力集中在对自己呼吸的感觉上。无须尝试去控制你的呼吸，无须刻意让它变得更深、更长或更短，只须注意你呼吸的自然节奏——吸气和呼气，看看你是否能够体会到呼吸的感觉。当你吸气和呼气时，也许你能感觉到冷空气是如何流入你的鼻孔和流出你的嘴巴的，也能感觉到你的腹部是如何随着呼吸而起伏的。
3. **将注意力拉回来**——某个时刻你可能会发现自己的注意力已经不在呼吸上了，你可能开始考虑其他的事情或者沉浸在回忆中，这很正常。当你留意到自己已经走神时，轻轻地把注意力拉回到你的呼吸上。不久之后大脑又会走神，那就再次留意这种情况并轻轻将注意力再次拉回你的呼吸上。
4. **避免进行评判**——还记得我们说过正念包含了非评判的态度吧？在练习的过程中不要进行任何评判，例如评判你做得对还是错，或者你是否取得了什么成果，等等。你只须单纯地观察。
5. **结束整个流程**——5分钟、10分钟或30分钟后，你可以结束整个练习流程。这个时候先做三个深呼吸，然后轻轻地睁开眼睛。留意你完成练习之后的感觉。你可以先从短时冥想练习入手（例如2分钟或5分钟），然后逐渐增加练习时长（10分钟、15分钟、30分钟），一旦你觉得自己已经能够轻易完成本阶段的练习，就可以将练习时长持续增加下去。

视觉摘要

常见问题：大脑走神　　训练目标：培养正念

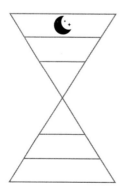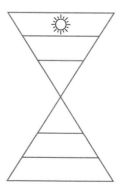

▼

小结

———

- 理智系统在大脑中负责所谓的执行功能。执行功能技能通常包括注意力、弹性思维、自控力和工作记忆。

- 注意力对所有执行功能技能来说都至关重要。注意力是专注于一件或几件事情的能力。

- 冥想是一种训练你的注意力的练习。

- 正念是一种不加评判地关注当下的能力——关注点可以是在公园里的一次散步、自己的呼吸或者你最喜欢的歌曲。

- 当你冥想的时候，你会不时地走神，失去对当下的体验。你可能开始回想以往某个压力情境或者开始计划明天的工作。

- 许多人错误地认为冥想练习中他们需要让自己的大脑变成一片空白。在这样的理念下，他们开始在冥想中控制自己的大脑，试图让自己停止思考或者清空自己所有的想法。通常情况下这些尝试都会以失败告终，而他们的大脑依然在不断地产生着杂念。

- 如果你发现自己经常开小差，没有关系，因为我们的大脑就是这样，我们的大脑保持活跃并时不时地走神是很自然的事情。

- 冥想的目的不是驱逐那些想法，让自己头脑空空地坐在那里，相反，它是为了让你意识到自己分心了，并将注意力一次次地拉回到你的呼吸上。

- 冥想练习第一步：留意自己在什么时候走神了。每次走神时你可以将它记在心里，对自己说一句："嘿，我刚刚走神了。"

6

掌控思维：
用现实性思维看问题

信念系统主要负责两件事：存储我们的信念并产生自动思维。让我逐个解释一下。

首先，信念系统是我们语义记忆的家园。从广义上讲，它存储了我们对世界的所有信念和知识（详见第 2 节），我们不妨将其视为一个大型文档系统，例如它存储了有关你自己的信念（如你的名字、出生日期、你喜欢或厌恶的东西）、有关他人的信念（例如，父母的生平经历，知道你最好的朋友是谁，等等），以及有关世界的信念（例如，知道一年由 12 个月组成，了解烹饪的方法，明白什么时候过马路安全，等等）。

但这还不是全部，信念系统还会产生所谓的自动思维。[①] 自动思维

---

① "自动思维"这个术语被广泛应用于认知疗法，特别是认知行为疗法。

指的是那些潜意识的、习惯性的、即刻的想法，这些想法是对日常事件的回应。无须你的意愿和努力，它们会自动地突然出现在你的脑海中。你有没有过这样的经历：当你正在做某件事，比如刷手机、叠衣服或开车上班的时候，不知从哪里来的某个随机的想法突然出现在你的大脑中？这就是自动思维。

你可能想知道信念（语义记忆）和自动思维的关系是什么。在进一步讨论之前，我想先来澄清这一点。

一言以蔽之，自动思维是我们信念的产物。我们毕生都在获取有关世界和自己的信念，这些信念解释了发生在我们身边的事情，引发了我们的自动思维。

设想一下这样的情景：一名叫爱丽丝的女孩从小就坚信，要想有吸引力就必须保持骨感。让我们想象一下爱丽丝在暑假期间长胖了一些。一天，她看着镜子里的自己，几乎同时在大脑中听到了这样一个声音："噢，我的天，我看起来真糟糕！"这就是自动思维。爱丽丝并不是有意贬低自己，她大脑中会突然冒出这个想法的原因其实很简单：无论爱丽丝自己是否能意识到，她都有一个根深蒂固的信念——她要永远保持骨感，这种信念反过来又会引发那些针对她外貌的自动思维或个人评价。

通常，我们会通过自我对话或心智图像（mental images）的形式来体验自动思维。在自我对话情形下，你可能会在脑海中听到这样的声音："看起来又开始下雨了""该死，我忘记给我的银行经理打电话了""地很滑，我得小心点儿"。如果你烤了一个馅饼，把它从烤箱里拿出来的时候你内心的声音可能会说："噢，天啊，它闻起来真香。"

此外，心智图像也是体验自动思维的一种常见形式。我们中有很多人都是视觉思考者，即喜欢用图像进行思考的人，比如你的脑中可能会不自觉地呈现出自己赢得了某项重大体育赛事的冠军而受到热烈欢迎的画面，或者你在做工作汇报时尴尬到脸红的画面。

本质上讲，信念系统是帮助你进行（潜意识）思考的一个心智层级，但与理智系统不同，信念系统是以自动模式处理信息以及解释和评价事情的，例如在街上看到一辆汽车时马上明白这是一辆汽车而不是别的什么东西，或者在打开窗时立刻判断出今天的天气很好。你不会有意识或刻意地思考这些事情，这些想法都是自动产生的。

再举一个例子，现在在我写这句话的时候我正接受来自我的意识认知和无意识认知（conscious and unconscious cognition）的双重输入。一方面，此刻我在用我的意识思维（理智系统）来组织这段话，我在考虑当下这句话要写什么，下句话要写什么，以及如何能写得更出彩，我的全部注意力都集中在这项任务上。但另一方面，在更深层次上，此刻那些无意识的想法也自动出现在我的大脑中，比如我知道我正坐在客厅里，我知道现在是早晨，我知道今天天气晴朗，我也知道我的狗正在摆弄它的玩具，发出了一些滑稽的声音，我还知道写完这段话后我会休息一下，喝一杯香浓的红茶。

留心的话你会注意到你的大脑中出现了所谓的自我对话。自我对话是你与自己进行的一种内心对话，内容包含对不同情况的看法、对你个人行为的评论以及对复杂任务或问题的思考。从本质上讲，自我对话就像是由自动思维汇聚成的溪流，在源源不断地流过你的大脑。

我们大脑中都有一个小小的声音，似乎对我们身边发生的一切都想说点儿什么。它几乎不分昼夜地工作，它整天都在和我们"聊天"，评论我们生活中发生了什么事情，这些事情有什么意义，出现了什么问题以及需要采取什么措施，等等。有时在我们想休息的时候它也不会停止，让我们夜里无法入睡。

不过你的大脑这个样子并不是要把你逼疯，相反，它只是在尝试处理它所获取的信息并尽可能准确地解读这些信息。在日常生活中你会不断地从周围环境中获取新的刺激和信息，因此你的大脑就在处理或消化这个永不停息的信息流，以帮助你了解身边的世界和自己所处的境况。这就是为什么你的大脑从未停止过思考和判断。

常见问题：
消极的自我对话

如果你留意一下你的自我对话的内容，你很快就会意识到有些自我对话可能是理性的、有逻辑的，还有一些可能源自误解或知识匮乏。因此尽管有些看似合理，但实际上它们是不准确的或有偏见的。

事实上，我们的很多自动思维都是消极的。顾名思义，消极的自我对话指的是以消极或批判的方式与自己开展的对话，比如你可能会思考什么地方出了问题，什么地方可能会出问题，你做错了什么或者其他人做错了什么。

举个更具体的例子，如果你因交通堵塞而没能准时出席某个重要的商务会议，你内心的声音可能会说："你这个笨蛋，你应该早点从家走。"如果这个商务会议进行得不够顺利，你内心的声音可能又会说："这是你的错。"

事实上，就算我们有时会有消极的想法也不是个问题。有一种观点认为进化让我们更倾向于产生消极的想法而非积极的想法。在人类历史的早期，我们的祖先在丛林中不断地受到威胁，所以仔细排查环境中潜在的威胁（例如捕食性动物）是攸关生死的事情。那些更能适应危险并做好最坏准备的人有更高的概率存活下来。出于这个原因，我们现代人类可能天生就是消极的。

因此如果你的脑中白天会时不时地出现一些消极的想法，那也没什么好担心的，这些想法很快就会消失，不会引起太多不适。

但如果你已经无法控制那些消极的自我对话，人也开始变得过度消极，那这就是一个问题了。有时你可能会以一种过于消极的方式来解读那些让你感到压力的事情，最终你会被消极情绪所淹没。

如果你曾发现自己在日常生活中大脑不断被消极的想法所充斥，内心不断被消极的感觉所占据，那么你就明白我在说什么了，我们可以将其描述为你正在陷入一个"向下的（消极的）思维螺旋"。

消极的自我对话可以有多种呈现形式，它经常会挑出我们对自己不满意的那些小毛病，即使它们在别人眼中并不是什么大问题。比如我们可能会用这样的话来打击自己："我是个失败者""我太不幸了""我不够好看""我的身材严重走样""我的目标遥不可及""我的生活一团糟"。有时内心的声音会告诉你某个可怕的事情可能即将发生，比如，"如果我的对象遇到了比我更好看的人该怎么办？""如果我失业了该怎么办？""如果我生病了该怎么办？"

陷入消极的思维螺旋可能会损害你的心理健康，这是自然而然的，而且陷得越深你就感觉越糟。比如，如果你常常告诉自己你不够可爱或者没有吸引力，你会发现自己因此感到悲伤、焦虑甚至抑郁，你甚至可能经常生病，因为当你经历消极情绪时你的大脑会释放出一种应激激素，使你感到身体不适。消极情绪也会让你精神不振，所以你可能也会发现自己很难保持专注，难以按期完成工作。

此外，消极的思维螺旋也会阻碍你过上充实的生活，例如一直以来的梦想是去巴厘岛旅行并学习冲浪，但突然你的脑海中开始出现以下想法："我听说冲浪者有时会受到鲨鱼的袭击……海浪可能会对冲浪者造成严重的伤害……巴厘岛太远了……票价可能会很高……我可能无法忍受时差综合征……我得花整整一周的时间来适应和恢复……岛上的交通很糟糕……"瞬间你就被焦虑淹没了，一分钟后你就会关闭那些显示冲浪酒店信息的浏览器网页。

如果你发现自己处于消极思维螺旋的底部，那么你很难走出去。有时你越想抑制那些困扰着你的想法，那些想法反而变得越强烈。但别担心，有一些技巧可以帮你打破这个消极的循环。

训练目标：
现实地思考

许多克服消极自我对话的建议都围绕着积极思维展开。我们这一代人痴迷于追求快乐和积极，无数图书、播客和心灵导师都在建议你有意识地关注那些积极的方面或者多给自己一些肯定。当然，它可能对某些人有效或在某些情况下可行。保持积极是一件好事——你当然应该尝试以更乐观的方式应对不同的情况，处理不愉快的事情。

然而积极思维并不总会奏效。如果你对自己消极的想法坚信不疑，那么用积极的想法来取代它通常是非常困难的。你可能每天要花好几个小时来背诵那些积极的自我陈述，比如"我很自信""我很强大"，但如果你从根上就认为自己不够优秀，那么你最终又会回到那些陈旧的、重复的、消极的想法中，继续承受它们对你自尊心造成的伤害。

相比之下，我更推荐从"现实性思维"出发，开展对消极思维的对抗和全面的思维管理。它不会强行让你保持积极，而是指导你批判性地审视自己消极的想法，降低其可信度并用一个更加全面和现实的想法来取代它。

让我来解释一下现实性思维到底是什么：如果将思维视为一个连续体，那么消极思维处于其中一端，积极思维处于另一端，而两者的中点就是现实性思维。

乐观主义者指的是那些持有积极思维的人，他们通常会关注事物积极的方面，会期待出现最好的结果，他们相信自己在生活中能够事事顺遂；相反，悲观主义者指的是那些持有消极思维的人，他们关注事物最糟糕的那些方面，总觉得坏事即将发生；现实主义者处于这个"乐观—悲观"连续体的中点，能够如实地接受生活中的各种事件（可能是消极的、积极的或中性的），并准备好对它们进行分类处理。

现实性思维基于事实、证据和逻辑，因此在得出结论之前，现实主义者往往会彻底地分析问题并试图掌控全局——包括其中的积极部分与消极部分、利弊得失、支持论据与反对论据。举个例子，当你计划和设定未来的目标时你可以问自己："它真的可以实现吗？""失败的可能性有多大？""怎么做才能降低风险？""好吧，如果真出了问题，我还有备用方案。"

现实性思维要求你以一种全面而公正的方式看待自己、他人、身边的事物和未来的生活，避免过分消极或积极。即使情况看起来很糟糕，你也会尽量对自己保持诚实，例如你会认识到你无法对自己生活的方方面面都进行控制或者你并没有预知未来的天赋。你会接受这样一个事实：世界往往是残酷的、不公平的。

现实性思维不仅可以让你看清形势，还可以激励你采取行动，在你的生活中做出一些真正的改变。虽然你认识到了世界和自己的局限性，但你也可以积极地思考如何改进。比如，如果你没有通过驾照考试，你不会认为自己只是运气欠佳，你可能会承认你在驾驶知识或技术方面的不足，但可以通过练习来逐步提高。正如威廉·亚瑟·沃德所说："悲观主义者抱怨风向，乐观主义者静待风变，现实主义者调整风帆。"

好消息是：有证据表明，现实性思维是实现长期幸福的最佳方式。

在一项纵向研究中，研究人员考察了悲观主义者、乐观主义者和现实主义者谁最容易保持长期的幸福感。针对这个问题，巴斯大学和伦敦政治经济学院的研究人员在 18 年间跟踪研究了 1601 名个体。

研究人员首先要求受试人员对自己下一年的财务状况进行预测，随后他们跟踪了受试人员下一年的实际财务状况，并对两者的关系进行了分析。结果显示，悲观主义者下一年的实际情况比预期要好一些（实际上他们的财务状况没有发生改变），乐观主义者下一年的实际情况不如预期（他们下一年的实际收入要么没有变化，要么有所减少），而现实主义者的预期与下一年的实际财务状况相符。

此外，受试人员还报告了他们对生活的满意度和心理困扰的情况。研究人员发现，现实主义者，即那些准确估计自己财务状况的人比乐观主义者和悲观主义者拥有更强烈的幸福感。

原因显而易见，悲观主义者幸福感最低是因为他们一开始就有一个悲观的预期，这让他们无法享受胜利的喜悦。但为什么乐观主义者竟然没有现实主义者幸福感强烈呢？研究人员认为，预期和现实之间的落差让乐观主义者感受到了失望，它逐渐取代了原本积极的情绪。你期望很高但最终没有得到，你会觉得自己是个失败者，这反过来会带给你痛苦并导致你幸福感下降。

当然，有很多因素与我们的长期幸福感有关，但从直觉上，根据事实做出正确的决定会对你的健康和生活满意度产生巨大的积极影响。

练习 #1：
监控

我们的大脑中都有这样一种独白，它持续不断地解释和评价我们身边发生的事情，但由于它总是在不经意间快速出现在我们的脑海中，因此我们常常会忽略它的存在，也会忽略一个重要的事实，即这样的独白大多是批判性的。

如果你想改变你的思维方式或者在一定程度上控制你的想法，那么首先你需要清楚自己在想些什么。如果我们忽视自己的想法或者认为它们完全正确合理，那么我们就无法改变它们。

你需要先留意你脑子里的想法，停下来听听你内心的声音，看看自己的内心世界，找找有没有什么令你感到不安的想法。你现在的目标就是留意你的自我对话。

好消息是，你不必监控自己一天之中的所有想法。事实上，每一分钟都有成千上万个自动产生的想法出现在你的大脑中，要关注到所有这些想法几乎是不可能的，它会让你筋疲力尽。

因此更为实际的建议是：只监控你当下的情绪。如果你注意到你的情绪突然出现了变化，这就是一个很好的线索，它表明你在这之前就已经以某种思维方式进行了思考。所以当你注意到自己出现了消极情绪时，你可以反思一下自己的思维方式，看看自己脑子里在想些什么。

这样事情就变得很简单了，如果你感受到了某种消极的情绪，那就停下来问问自己："我现在脑子里在想什么？"

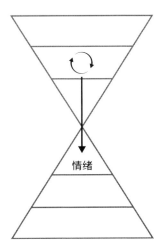

思维和情绪是相互关联的。自动思维可能会引发消极情绪。

举个例子。艾玛发现她的同事们前几天去了酒吧但没有邀请她一起。之后不久，她发现自己情绪很低落，很难过。就在那一刻艾玛可以问问自己："我现在脑子里在想什么？"她也许能够捕捉到这样一种想法：他们不喜欢我，我到底有什么问题？

练习 #2：
使用想法记录单

无论你的脑海中出现了什么样的想法，无论它们让你感受如何，你最好把它们记录下来。这种情况下你能用到的最佳工具便是一份想法记录单。

想法记录单（或想法日记）记录了对你造成困扰的那些想法的所有信息，它被广泛应用于认知疗法，能够帮助治疗对象识别、评估和修正自己的消极想法。

想法记录单在接近事件发生的时间填写最为有效。填写的最佳时间是在你刚刚注意到自己感觉变化的时候。由于这个情景还记忆犹新，你可以记录下尽可能多的细节。此外，你越快调整你的想法，你就会越快感觉舒服一些。

刚开始，要完成一份想法记录单可能有点困难，但通过练习它会变得容易许多，后面你甚至可以在一到两分钟内完成填写。我想强调的是，记录自己的想法绝对是值得的，因为这是你改变自己想法的第一步。

记录想法的根本目的是让你养成习惯，去捕捉那些对你造成困扰的想法并弄清楚它们的来源和后果。简单地说，做记录可以让你记住或重视一切对你造成困扰的事物。很多人都能发现那个困扰着自己的想法，但却没有采取进一步的行动，结果这些无益的想法可能会持续几个月甚至几年时间。

想法记录单不仅能够帮助你捕捉到出现在你脑中的想法，还能够帮助你了解自己的思维模式，例如你可以把你的想法按照主题进行归类，看看哪些消极想法会定期出现。

此外，当你把一个想法写在纸上时，分析和质疑它就会变得更加方便。把每件事都记在心里并不是最好的办法，因为你也许还记得，我之前讲过人类工作记忆的容量是有限的。

一份最简单的想法记录单由四列表格组成，它能够记录：（1）想法

产生的日期；（2）想法产生的情况；（3）想法带给你的感受；（4）想法
本身的信息。

（1）日期	想法是什么时候产生的？填入日期和大概的产生时间
（2）情况	想法产生时的情况如何？你当时在哪里？你当时在做什么？和什么人有关系？
（3）感受	当这种情况发生的时候你的感受如何？你的情绪如何（例如愤怒、悲伤、高兴）？你的身体感觉到了什么？
（4）信息	当这种情况发生的时候你正在想什么？在此期间或不久之后，你大脑中出现了什么样的想法？你大脑中闪现出什么样的画面？你（内心的声音）对自己说了什么？

示例

日期	情况	感受	信息
周四，下午6点	在工作单位：我的老板说下个月可能任命我为另外一个团队的负责人	焦虑，压力很大，心跳加速，紧张	我会搞砸的，最终自己也会被解雇
……	在工作单位：在一次会议上，我不知道怎么回答老板的问题	心情低落、泪流满面	我出丑了，我升职无望
……	我给爱丽丝发短信询问她的近况，但是她没有回复我	愤怒，悲伤	她这样很无礼，我做错了什么？她不再喜欢我了

练习 #3：
质疑

　　当你捕捉到一个困扰着你的想法，你需要尽可能地质疑它并用理性
的选择将它替换掉。

　　关键要记住我们有些想法并不是完全准确的，我们的信念也往往基

于错误的假设，它们经常是扭曲的、偏颇的，因此我们需要时不时地停下来，批判性地审视自己的想法到底是否准确和公正。

检测你的想法准确与否的最佳方法也许就是查看其背后的证据。要做到这一点，我们需要提出一些质疑性的问题，然后进行一些研究。你可以问自己以下几个问题：

- 支持这个想法的证据是什么？
- 反对这个想法的证据是什么？
- 我怎么做才能解决这个问题？如果问题真实存在，我怎么做才能减轻风险或者解决问题？

质疑想法的一个好方法是假设自己在进行一个诉讼案件的庭审，"审判想法"是认知行为疗法中常用的一种技术。以下是它的操作流程：设想一个对你造成困扰的想法正在接受审判，辩方称这个想法是正确的，而控方称这个想法是错误的，你需要同时扮演辩方、控方、陪审团或法官。通过这种方式，你可以从多个角度调查情况，你会摆脱情绪或假设对你的束缚，坚持实事求是的原则。在听取了所有的证词后，你就可以做出判决——一个全面、公正且现实的判决。

这种技术的妙处在于通过对想法进行解构，它能够检测我们的论点是否真正合理或充分，并让我们以公平、理性的方式从多个角度考察情况。大量事实证明最初的想法往往是不合理的，我们几乎或完全找不出支持它的实际证据。

没错，用这个方法来改变消极思维可能需要花一些时间，但我可以肯定这个方法确实有效，它正在被积极应用于心理治疗。在大多数情况下，只有当你查明某个想法缺乏实际证据时你才会真正抛弃它。一旦你意识到这个想法并不像最初看起来那样令你信服，你很快便会将其清除掉。

流程指南
1. 被告席——首先找出一个长期困扰你的消极想法，把它放到被告席。
2. 辩方——然后扮演辩方律师的角色，找出支持这个想法的所有证据，列出你认为这个想法为真的所有理由。
3. 控方——辩方列出证据之后，你再扮演控方律师的角色，开始搜集相关证据，削弱这个想法的可信性，提出一切可能的论据来证明该想法是错误的。
4. 法官的判决——支持和反对这个想法的证据展示完成后，你开始扮演法官或陪审团的角色，在权衡所有的证据之后做出判决。纵览所有的证据，你现在如何看待这个情况以及自己最初的想法？有没有找到一个全新的、更全面、更现实的方式看待这个情况，提出针对这个想法的替换方案？
5. 申诉——如果你回顾了控辩双方提出的所有证据后仍然相信这个消极想法是正确的，如果你依然坚信自己最初的想法是真实可信的，那么就让这场争论持续下去。尽量找找反对这个想法的证据，提出一些质疑性的问题，再阅读一些专业的文献资料或者咨询一下这方面的专业人士。就像一名出色的律师一样，你也需要好好做些功课。

示例

想法	支持的证据	反对的证据	判决
我会搞砸的，最终自己也会被解雇	我缺乏胜任这项工作的优秀技能	我在目前有限的工作范围内表现良好	尽管感觉很可怕，但我将学会承担更多的责任，最终我能够把这件事做好
我出丑了，我升职无望	我不知道怎么回答老板提出的问题，他似乎对此感到不满	我之前有多次出色的表现，我的老板之前表扬过我的工作	偶尔一个失误不太可能毁掉我的一切
她不再喜欢我了	她没有回复我的信息	她可能很忙，然后就忘记回复了，她不是故意冒犯我	我可以再给她发一次短信，问问她是否一切安好

视觉摘要

常见问题：消极的自我对话　　训练目标：现实地思考

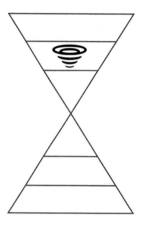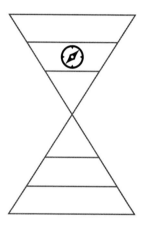

▼

小结

- 信念系统是我们潜意识思维（自动思维）的家园，这种思维经常快速地、自动地、不经意地出现在我们的脑海中。

- 自动思维指的是白天惯常出现在人们脑中的那些想法，它可以帮助人们了解有关自己的经历。

- 自我对话就是你与你自己持续进行的对话。确切地说，自我对话是出现在你大脑中的一系列想法，内容涉及你对自己行为和身边世界的解释和评价。

- 你的许多自我对话都来源于你的信念。

- 想法不等同于事实。自动思维有时是可信的，但有时也会失之偏颇。

- 时不时地产生一些消极的想法是正常的，这并不会造成伤害，然而如果消极的自我对话失去控制，占据了你大脑中太多的空间，就可能给你带来极大的痛苦。

- 你可以改变你自己的思维方式，以更有益、更准确的想法替代消极的自动思维。

- 培养现实性思维是有用的，现实性思维是实现长期幸福的最佳方式。

7
掌控记忆：
从过去中汲取经验

　　情景记忆是对我们个人过去经历的特定事件或特定情景的记忆，它让我们能够回忆起与之相关的情况和细节，包含时间、地点、人物和我们感受到的情绪，比如回忆你上一个暑假的情景，必要时你可以在脑海中重温这段经历，包括你去过的地方、发生的事情、遇到的人以及你的感受。

　　在本节中我将详细介绍情景记忆的基本特征，因为了解情景记忆的组织形式有助于我们更好地运用它们。我可以先开门见山地告诉你情景记忆具有两个重要特征：（1）它们可能包含了情绪；（2）它们具有很大的可塑性，即它们可以被改变。我来逐个解释一下。

　　首先，情景记忆与我们的情绪密切相关。当我们经历一件事情时，大脑不仅可以记录事件本身的细节（时间、背景、发生的经过），还可以记录我们在其中感受到的情绪。

　　从生理学上解释，这是因为情绪唤醒释放出了应激激素，应激激素又促进了新突触连接（synaptic connections）的发展，进而巩固了新的记忆。从某种意义上说，情绪将新的记忆"刻录"进了你的大脑。

你有没有看过皮克斯动画工作室出品的电影《头脑特工队》（*Inside Out*）？尽管这是一部儿童动画片，但它却能很巧妙地展示和说明我们大脑的运作机制。电影中的故事大多发生在一个名叫莱莉的 11 岁女孩的大脑中。在她的大脑中，我们可以看到五个小人儿，它们分别代表了五种基本情绪，即快乐、愤怒、恐惧、厌恶和悲伤——它们生活在"总部"（又名杏仁核，这是大脑的情绪中心）里。这五个代表了基本情绪的小人儿通过按压控制面板上的按钮影响着莱莉所做的一切、所想的一切甚至她记忆的方式。记忆在这部电影中被描绘为一个个彩色发光的球体，每个球体都代表了莱莉生活中的某个特定事件。球体的颜色与这段时间的主导性情绪相匹配：黄色代表快乐，红色代表愤怒，绿色代表厌恶，紫色代表恐惧，蓝色代表悲伤。这五个代表了基本情绪的小人儿在"总部"将球体制造出来，然后将它们送往"长时记忆"——在本片中，"长时记忆"被描绘成一个拥有无数书架的图书馆，里面存储着莱莉的记忆（情景记忆）。

事实上，从进化的角度来看，这种机制是合理的。我们显然需要优先考虑在某些方面具有强烈刺激或者重大意义的事件，例如，如果我们能够很好地记住那些被证明是危险的或快乐的事物，我们将来就能够更快地识别类似的事物；如果我们能够更快地识别和应对危险的事物，设法躲避它们或采取必要的预防措施，我们就增加了自己生存的机会。

还记得你的初吻吗？还记得朋友给你举办的惊喜生日派对吗？还记得你找到第一份工作的时间吗？还记得你在老板面前的那一次失态吗？还

记得你的婚礼的情景吗？你很有可能还记得许多有关自己婚礼的细节，包括来宾当天的穿着、天气情况、花的香气、播放的音乐以及蛋糕的味道。

相比之下，枯燥乏味的事物更容易遗忘，这是因为我们不会特别重视它们。莱莉幻想出的伙伴——冰棒曾一语道破："当莱莉不再在乎某个记忆了，它就会逐渐消失。"

情景记忆的第二个重要特征是它们具有相当的可塑性，这意味着它们可以被改变。让我来详细解释一下这一点。

我们对情景记忆的主观体验类似于观看一个个在我们眼前回放的短视频。因为我们倾向于以这种方式体验记忆，所以我们对记忆的实际工作方式存在许多误解。

人们普遍认为情景记忆的工作方式类似于视频录制：你先将自己的经历录下来，后面再回放即可。也就是说你认为你可以按照事件发生时的原貌将它们准确记录下来，无限期地存储起来，之后你可以一次次地将它完整地回放出来，每次回放时事件发生的顺序也能够保持一致。换句话说，人们往往相信自己对于事件的记忆是固定不变的。

然而这并不是记忆真正的工作方式。与人们普遍的认知正好相反，记忆完全不是对于过去的完美记录。事实上，记忆的可塑性是很强的。换言之，记忆是不断变化的。记忆经常被更新，时常受到影响，容易被扭曲和遗忘——这个事实罕为人知。

针对我们记忆的可塑性，人们提出了诸多理论和解释，其中一个可能的原因是因为信息太多，我们很难全盘接收。任何一个时刻都存在着大量的感官刺激，然而我们的大脑根本就没有办法检测、处理或存储如此海量的数据。

　　一方面，我们无法完全注意到当前环境中发生的所有事情。感知系统根本无法记录这么多感官刺激，这就是为什么我们有时会忽略眼前发生的显而易见的事情，比如有时我会发现自己接连数次打开冰箱却没能发现眼前的美食。如果你对这个话题感兴趣，你可以自行了解一下有关选择性注意（selective attention）或知觉盲（perceptual blindness）的话题，目前有很多实验都揭示了这种现象。综上所述，即使我们见证了某个事件，也不意味着我们记录下了有关它的所有细节。

　　另一方面，我们也无法存储这么多信息。即使你真的创造出了对某个事件生动而详尽的记忆，记忆的细节也很容易随着时间的流逝而逐渐消失，也许会在接下来的一小时、一个月或者几年内消失殆尽。

　　这里，故事发生了意想不到的扭曲。由于我们不能通过感官接收全部信息，也无法无限期地存储所有细节，因此我们的回忆中自然会有许多空白。即使我们主观感觉自己的记忆是完整的，但事实上它们漏洞百出。

　　请回忆一下你上次通话的情景。你可能还记得这件事发生的时间、通话的对象、谈论的主题以及核心信息，还记得一些有关的关键词或短语。然而你不太可能一字不落地回忆起整个通话的内容。因此，这段记忆中已经存在了一些空白。过不了多久你就会遗忘有关这次通话的更多细节，甚至最后完全忘记发生过这件事。

　　那么我们的大脑会怎么做？在信息不完整的情况下，我们的大脑通常会寻找填补空白的方法。当我们缺乏足够的细节信息时，我们往往会通过某些方法填补记忆的空白，以创造出一个连贯的故事。

我们有很多填补记忆空白的方法。一般来说，人们在回忆一件事情的时候往往会利用当下一切可用的信息。

首先，我们会利用现有的知识以及自己的信念或者期望来填补记忆的空白。换句话说，我们会用自己认为正确的事实或者目前对世界的了解来进行填补。举个例子，假设你已经不记得五年前谁参加了你的生日派对，但你现有的知识告诉你你最好的朋友尼尔总爱参加类似的活动，因此你可能很自然地将尼尔添加到该事件的记忆中（即使事实上尼尔当时人在国外，不可能来参加你的生日派对）。

其次，为了填补记忆的空白，我们经常从别人说的话、从我们读到的新闻等外部资源中获取信息。假设你目睹了一场车祸，事情在瞬间发生而你恰好看到了它发生的全过程，然后你和另外两个站在你身边的人讨论了这一情景，之后你作为目击者接受了警方的问询，最后，你又在第二天的新闻中读到了这场可怕的车祸。有趣的是，在与不同的人进行了这些对话之后，你对这件事的记忆可能会变成以下这些内容的混合体：（1）你实际看到的内容；（2）你从其他人口中听到的他们目睹的情景；（3）警察对你问询的问题；（4）你在新闻中读到的对这件事的描述。

总而言之，我们通常不会保留情景或事件的所有细节。随着时间的推移，我们可能会不知不觉地遗漏或忘记一些细节，因此我们的记忆中自然会有一些空白或漏洞。反过来，我们也往往会利用我们当前的知识、观点、期望或外部信息来填补这些空白，使我们的记忆变得完整或使我们的故事变得连贯。

所以我们可以得出一个结论：每当我们填补记忆的空白时，我们基本上都会改变它们；或者说每当我们给记忆添加一些新的信息时，我们就会更新原始记忆。

值得注意的是，你可以多次改变或更新记忆，而非只有一次机会。事实上，每当你重温对某段往事的记忆时，这段记忆都有可能发生改变，至少是一些轻微的改变。每次回忆时，你可能会不经意地将当下的内容添加到你的记忆中，比如你当前的信念、感受以及在原始事件发生之后获取的信息。如果出现了这种情况，你就已经在不经意间用新的经验更新了你的原始记忆，甚至用新的信息改写了过去。

因此，正如你所见，我们记忆的工作方式并非类似于视频录制。实际上，记忆通常是原始事件和新经历的混合体。记忆的工作方式更像是视频剪辑，由不同的片段拼凑而成，有些片段与原始事件已经无关。另外，你既可以观看这个视频文件也可以编辑它，每次打开这个文件时你都可以对其进行少量修改，执行添加、删除或序列调整这样的操作。

乍一看，记忆的可塑性可能会让它看起来不够完美或者不够真诚，但从进化的角度来看这是完全合理的。首先，记住全部信息真的会让人筋疲力尽。试想一下，要完成这项任务你需要多少个"心理服务器"，这些数据中心又需消耗多少能量来存储你生活中发生的每一件小事以及每一段经历的所有信息。因此，如果我们只需要记住一部分信息，我们就能够节省大量的精力和心理资源。

在现实生活中，我们确实也没有必要记住每件事情的确切内容和所有细节。因此，只存储那些可能在将来最有用的信息似乎是更加现实与合理的选择。

请记住：记忆是可塑的而不是固定不变的。一方面，记忆的这个特点对法官和陪审团来说确实不太友好。在法庭里，一个如视频记录般准确的记忆确实会更加有用。不幸的是，我们对事件的记忆并不像我们想象的那样可靠，因为它们常常包含了错误的、不准确的信息，而我们甚至没有意识到这一点。事实上，伪记忆（false memory）是导致错误定罪的一个主要原因。错误定罪是指一个人错误地指认了嫌疑人，这通常是由伪记忆所导致的。

另一方面，记忆的可塑性对心理健康来说却是一个好消息。它让我们至少在一定程度上能够改变自己对过去的记忆方式，创造出更光明的未来。如果你有一段让你沮丧的记忆，你可以尝试去挖掘它、扩展它，更新你对它的记忆方式。

人们常常认为他们对过去无能为力。这也是许多人试图回避痛苦记忆，将过去抛诸脑后的原因之一。然而更有效的方法应该是积极地回忆起那些令你痛苦的记忆并着手处理它，而非尝试切断与它的联系。即使在你的记忆中有件事一直让你很痛苦，你仍然需要对这件事的某些方面进行重新诠释，并对这件事的记忆方式进行重新加工。

我们应该明确一点，即改变记忆的目的不是自我欺骗。我们也无意扭曲你记忆背后的事实，比如如果你没有收到录用通知，我们不会假装你真的收到了；或者如果你有一个非常痛苦的经历，我们不会假称它是美好的。

关键是你要知道如何重新加工旧的记忆，让它们帮助你、造福你，而不要让它们阻碍你或者摧毁你。最起码我们要学习如何缓解存储在我们负面记忆中的消极情绪——即使对某件事的负面记忆仍会存在，但不会让它再引起你情绪上的不适。此外，我们还将讨论如何从过去的经历中进行主动学习。再重申一次，我们虽然无法抹去对于某些往事的记忆，但我们将从其中汲取更多的知识和经验。

常见问题：
沉湎于过去

某件糟糕的事情发生后，比如你犯了错误或者有人冤枉了你，你的大脑通常会关注它并开始思考它，这是一种常见的、自动的、绝对正常的反应。你的大脑正在尝试处理出现的问题并试图确认你现在是否安全。

但如果你发现自己经常思考同一件事且无法释怀，那么这表明你可能已经陷入了思维反刍（rumination）的陷阱。这是没有益处的。

简单地说，思维反刍是指反复思考某事（通常是某件往事或当下某个压力源）。从字面上看，"反刍"一词的意思是"倒嚼"——在这个有点倒人胃口的过程中，动物咀嚼食物，吞咽，食物回流到口中，然后再次咀嚼，直到它可以被消化。从心理学上讲，我们的大脑拥有类似的工作方式：我们可能会反复思考一些信息，不停歇地对其进行加工或修改。

人们通常会一遍又一遍地重温某件往事或某个压力源，例如失去的机会、过去不公正的经历、对前任的回忆、失言的情景等等。举个例子，如果你在某场考试中发挥失常，你可能会在大脑中一次又一次地重温那个得知自己考试成绩的情景。

此外，在思维反刍时你经常会问自己一些有关事情"前因后果"的抽象问题，比如："为什么发生在我身上？""为什么好人没有好报？""他／她为什么要那样对待我？"

回想一下你自己。如果发现了什么让你不安的事，你会不会一直关注它？你是否经常在大脑中不断重温同一件事？也许你无法对那次痛苦的分手停止思考，也许你在琢磨老板在公司发表的那些不公平的言论，也许你经常回想起一些之前犯下的错误或曾经出现的问题。

为什么会出现思维反刍的现象？它通常与解决问题有关。人们会思维反刍是因为他们希望弄清楚出现的问题及其原因。通过回顾这些情景以及与之相关的各种细节，他们是在努力地寻找解决问题的思路，例如，如果我不断重温自己被女朋友甩了的那个情景，我就能搞清楚自己到底出了什么问题——基本的逻辑就是这样。

但问题是这种形式的自我反思往往会跑偏。首先，思维反刍很少能够提供有价值的见解。在这个过程中，人们往往都在关注那些事情带给他们的感受，而不会客观地、批判性地考虑当时的情况，他们无法与那些事件保持任何心理距离，常常会陷入痛苦的情绪中，因此他们很难获得任何有价值的信息。

其次，我们对一件事情的思考在时间上并没有一个明确的终点。那些思维反刍的人大多无法把控尺度，会将一件事思考得太久太细。他们可以花费数周的时间思考同一个问题，考虑各种微不足道的细节或者纠结于一些未必会出现的情况，而这种思考可能会无限期地进行下去。

最后，也是最糟糕的一点，思维反刍会损害你的身心健康。如果你一天到晚都在重温某件令你失望的事，你这一整天的感觉很可能都不会太好。如果你纠结于某个问题并且经常回到过去来重温那些消极情绪，你的心理痛苦可能会急剧增加。如果不去寻求改变，这种紧张的精神状态可能最终会导致你情绪和身体的双重崩溃。

许多研究表明，思维反刍与许多症状和精神障碍密切相关，其中包括压力、酗酒、暴食、睡眠障碍、焦虑、抑郁和自我伤害，比如有许多人使用酒精或食物来消除由持续不断的思维反刍引起的痛苦和消极情绪。

训练目标：
从过去中汲取经验

当今似乎并不流行对过去进行思考。如果你用谷歌搜索相关主题的文章，你就会发现出现最多的是"如何忘记过去""如何战胜过去""如何停止对过去的思考"这样的搜索结果。

出现这种情况可以理解。一方面，讲授正念的书现在越来越流行，它们大多会提出这样"标准化"的建议：放下过去，不期未来，活在当下。我们不断被告知当下是唯一值得关注的东西。另一方面，人们普遍认为过去专属于老年人或者那些惧怕改变的人。对于老年人来说他们早已功成名就，现在只剩下回顾自己过往的人生。

当然，这些观点有些道理。不断反刍往事或者沉湎于过去肯定对我们没有任何帮助（详见第 6 节），错过当下也绝非明智之举。

然而，忽视过去并不可取。还记得那个患有遗忘症的亨利·莫莱森吧（详见第 3 节）？他永远活在当下，无法回忆起 30 秒前发生的事情，你应该不会想要拥有和他一样的经历。

我想强调一点：回忆和思考过去是健康而正常的行为。如果你不能做到这一点，那么你肯定有麻烦了。

值得注意的是，你的记忆不仅仅是往事的无用残余，它也是教育和指导的有力工具。通过记忆，我们得以了解发生了什么事情，什么在正常运行，什么出了问题。我们也会记得自己曾在哪里犯了错误，记忆能帮助我们在下次做出改进。无论你是否意识到这一点，你总是依靠于你的记忆和经验来判断你现在或未来的行动方式。

假设你正在考虑今年要去哪里度假，此时你会快速地回顾你去过的所有好的和坏的地方，例如你可能会回想起在葡萄牙阳光明媚的海滩上休闲的美好时光。当你的大脑检索到这个情景之后，你可能会突然希望再次拥有这种体验，瞬间你的思绪可能会跳到未来，想象着自己坐在海边的躺椅上，手里拿着一杯椰林飘香鸡尾酒。

在这种情景下，有一种对过去的适应性思考方式，被称为自我反思（有时简称为反思）。自我反思的形式多种多样、不尽相同，但高质量的自我反思通常包含两个关键组成部分：非评判的态度和主动学习，我来分别解释一下。

非评判的态度	这意味着你将从一个非评判的观察者的角度来回顾这件事情，回顾的目的不是评判或批评你自己或他人，而是单纯地回顾某事是如何发生的（参见练习 #3：镜头拉远）
主动学习	这意味着你将以学习和获取知识为目的来处理这件事情，之后你可以用你所学来解决问题，在下次做出更好的选择或者避免在未来出现同样的情况（参见练习 #2：反思）

划清自我反思和思维反刍之间的界限非常重要。思维反刍指的是毫无目的地一次又一次地重温往事或者问一些毫无意义的抽象问题，例如，如果你和自己的爱人吵了架，你可能会纠结于他（或她）所说的话，不断地回想他（或她）在你们的婚姻中做的所有错事。相较之下，自我反思是以目标为导向的，而且常常是富有成效的。无论经历有多痛苦，我们都渴望从中学到一些东西，做出一些改进。一旦我们达成了这一目的，从中汲取了有用的经验，我们就会放手。

举个例子：如果你和自己亲近的人发生了争执，他（或她）告诉你你所做的某些事情对他（或她）造成了困扰，那么你可以回想一下这些事情，分析一下这些批评是否有根有据，然后问问你自己可以做些什么来解决这个问题。再举一个例子：如果你在工作中未能及时交付项目，你可以仔细考虑一下项目进展过程中的每个环节，找出你在哪里出了问题。事后你会总结经验，避免以后出现同样的问题，不会因为一次错误而陷入不断的自责中。

为什么自我反思对我们是有益的？首先，自我反思是自我成长和避免重复犯错的最佳方式之一，我认为这一点是不言自明的。自我反思本质上是为了获取知识，因此如果你定期进行自我反思，你就是在主动地学习生活中的经验并在扩充自己的知识体系。

其次，自我反思也可以让你重构那些负面记忆，让它们变得不再那么令人不安，你甚至可以将它们转化成为积极的记忆。就这个话题我需要进一步解释一下：为了让自我反思能够发挥其应有的作用，我们需要抱有建设性的态度——即使从负面事件中也能学到一些有价值的东西。

当然，我们并不否认有时会发生一些糟糕的事情，也不否认有时我们确实感觉不太好甚至很糟糕。虽然我们承认发生了糟糕的事情，也承认自己糟糕的感觉，但我们也认识到，每一个负面事件都可以被视为一次学习的机会。事实上，我们从负面事件中学到的东西往往比从那些顺风顺水的日子中学到的要多得多，这是因为当我们体会到由它们带来的糟糕感觉时，我们就有动力让自己不再重蹈覆辙。

现在让我们再回到记忆的话题。当你回想起一段负面记忆并认为这是一段彻头彻尾的消极经历时，这段记忆仍然是糟糕的，它不会有任何变化。如果你不停地回想，这段记忆可能会变得更强烈、更令你感到痛苦。

但如果你在回想起这段负面记忆时思考是否可以从中获取某些有价值的东西（比如某个教训、某些有用的信息或意义），你实际上已经重塑了这件事或者改变了你对它的记忆方式。

因此我们可以得出一个结论：如果你能从一段负面记忆中找出至少一个教训，那么这段糟糕的原始记忆很可能就会变得不那么令人痛苦了，在某些情况下你甚至可以将原始记忆完全转化为积极的记忆。例如当你回顾自己某个失败的经历时，你会思考自己如何能够从这个经历中获得智慧，看清自己未来的发展之道，那么那个糟糕的原始记忆带给你的痛苦可能会有所缓解。

当然，说起来容易做起来难，但我会尽量让这件事变得简单一些。"练习 #1：留出时间做回顾"将帮助你准备反思的时间（即所谓的回顾时段）。接下来的两个练习将具体讲解如何开展自我反思。"练习 #2：反思"将阐释如何发现自己的问题并寻找改进的方法（自我反思的"主动学习"部分)。"练习 #3：镜头拉远"将解释如何从外部观察者的视角(自我反思的"非评判的态度"部分)来回顾一件事情。

练习 #1：
留出时间做回顾

回顾指的是对某一时期的事态进行总体观察，看看哪些进展得顺利，哪些进展得不顺利，哪里可以做出改变。这样做的根本目的就是从过去的经验中进行主动学习，以便自己在未来做出改变或改进。

事实上，回顾的概念来源于专业领域，特别是医学、管理咨询和软件开发，在这些领域中它们有很多称谓，比如事后剖析、项目复盘、绩效评估、项目成效会议等。无论你怎么称呼，它们都拥有相同的目标，遵循相似的形式，基本上都属于一种"改进性会议"，通过这些"会议"，项目成员们可以找出过去犯下的错误或存在的问题，寻找改进的方法以避免在未来出现同样的问题。

具有讽刺意味的是，我们中的大多数人都会在工作中开展年度绩效评估，将我们为企业或他人所做的工作总结成一份份报告，但我们从未通过个人回顾的方式来反思自己的日常生活。

有一个简单的方法可以激励自己开展个人回顾：请记住，个人回顾是从往事中汲取知识、经验和智慧的过程。那些从不做回顾的人错过了充分发挥自己潜力的机会。相比之下，那些充分利用自己过去经历的人是最有可能在当下做出明智决定并在未来有所作为的人。

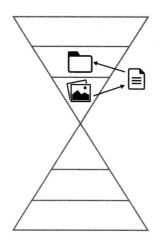

　　从往事中吸取经验教训，可以将这些经验教训看作传输并存储在我们知识数据库（语义记忆）中的文件。

　　首先，我们需要确定自己要做的回顾的类型。根据回顾的频率，我们有以下几个选项：

- **每日回顾**——回顾你的一天（例如每晚睡前 15 分钟进行）；
- **每周回顾**——回顾你的一周（例如每周日抽出一小时进行）；
- **月度回顾** ——回顾上一个月（例如每月最后一天抽出两小时进行）；
- **年度回顾**——回顾过去的 12 个月（例如指定 12 月的最后一个周末进行）。

　　因此，我们可以选择时长较短的每日回顾，也可以选择时长较长但频率更低的其他类型的回顾练习，这取决于你的喜好和生活方式。

　　我建议大家不要只局限于年度回顾，因为一年只进行一次个人回顾频率太低，成效也不够显著。统计一年之中发生的所有事情本身就比较麻烦，另外，这样低的回顾频率可能会让你遗漏许多值得你关注的重要事情，或者错失一年当中定期纠正自己行为以及调整自己发展方向的机会。

　　然而每日回顾可能也不是最佳选择（除非你已是这个方面的老手），因为如果你没有养成天天做回顾练习的习惯，或者你日常事务繁杂，那么每日回顾可能会让你感觉难以承受。

　　我更推荐你从每周回顾或者月度回顾开始，这样既可以保证你有充足的时间进行反思，同时不会因为时间过去太久而遗忘一些重要的内容。另外，如果你在某天经历了许多事情或者产生了某些强烈情绪，你也不想等到周末或月底再做反思，你可以偶尔进行一次每日回顾。

　　这个练习的目的是让你有充足的时间处理自己的过去。你的大脑确实需要一些时间来处理你生活中发生的事情，特别是那些令你烦恼的往事。如果你能够抽出一些时间来思考，你就可以更高效地理顺那些事情。

　　因此，现在你只需要选择一种回顾类型并将其添加到你的日程中，这样你的练习就开始了，这样做的好处有以下两个方面。

　　首先，你会记得为回顾练习留出足够的时间。在如今快节奏的世界中，每个人都在全速前进，我们中有许多人匆匆忙忙地赶赴了一个又一个会议，承担了一项又一项任务，制订着一个又一个新的计划，很少有人会停下来，花点时间反思他们做了什么，做得怎么样。因此，提前将个人回顾纳入自己的日程安排是很有帮助的，无论你的生活中发生了什么事情，你总会有固定的时间停下来进行思考。

其次，你还可以为回顾练习预设截止时间。显然，回顾是一个很好用的工具，但这并不意味着你要从此开始活在过去。过度的回忆会让人精疲力竭——对美好过去的怀念、思维反刍或者批判性分析皆是如此。这就是为什么我们需要设定一段固定的时间并严格遵守这个时限，比如说用一个小时来进行回顾，时间一到，我们就要停下来。

流程指南
1. **安排回顾的时间段**——无论选择哪种回顾类型，你最好提前确定做回顾练习的时间段（例如周日上午 11 点至 11 点 20 分）。
2. **坚持住**——如果你发现自己在计划时间之外就开始出现思维反刍，提醒自己要等到预设的回顾时间再开始，对自己说："先停一下，我稍后再考虑这个问题。"没错，只要知道自己会在稍后的时间考虑那个令你不安的话题，你脑中纷繁的思绪就会平息下来。
3. **写下议程**——如果你感到压力过大，那就在笔记本上写下困扰你的事情，告诉自己你会在回顾练习时解决这些问题。
4. **开展回顾**——在这个时间段内反思自己生活中的往事（具体的操作方法将在下面两个练习中进行阐述）。当回顾时间终止，即刻停止反思，去做其他的事情。

练习 #2：
反思

针对回顾练习，我们可以采用一个包含四列的表格，在每一列的顶部分别写上"类别""进展顺利的方面""进展不顺的方面""可以改进的方面"。根据你的偏好，你可以在笔记本上制作这个表格，也可以在你的笔记本电脑或平板电脑上完成。

表格完成后，我们就可以正式开始了。假设我们选择的回顾类型是月度回顾，那你就需要回顾过去的一个月发生的事情，反思你生活中的方方面面，考虑哪些方面进展顺利，哪些方面不太成功，哪些方面可以改进。下面，我来详细介绍一下表格的各个部分。

回顾表

类别	进展顺利的方面	进展不顺的方面	可以改进的方面
健康／养生			
工作			
家庭			
……			

类别

类别指的是你想要回顾和反思的各个话题。就我个人而言，我习惯于反思自己生活中的各个方面，而不限于生活的总体状况。在最左边的一列中我列出了自己想要反思的一些话题，比如"家庭""工作""健康"；如果想要更具体一些，我也可以加入一些出现在我生活中的不同角色，比如"作者""搭档""朋友""兄弟"等等。

你可能想将以下话题列入表格：职业、财务状况、身体健康、运动、家庭、友谊、爱情和约会、休闲娱乐、个人成长、住所、精神生活。此处没有对错，也不能搞"一刀切"——每个人对回顾类别的选择都不尽相同，选择当下你认为重要或者相关的话题即可。

类别这一列能够帮你更好地组织信息，也能够容纳每个你想要回顾和反思的话题。如果你不把你的生活分成不同的类别，那么你很容易迷失方向，无法抓住生活中那些真正需要你关注的方面。

进展顺利的方面

在这一列中你可以写下上个月进展顺利的事情。你学到了什么？你获得了什么值得骄傲的成果吗？有没有什么事情对你产生了积极影响？它可以涵盖你想要回顾的所有类别：职业发展、健康、爱好、爱情等。有些可能是比较大的事，比如升职或出国旅行，有些也可能是非常私人的小事，比如减少了零食的摄入或与朋友们的周末欢聚。工作中受到老板的表扬了吗？记下它。买了一些漂亮的物件吗？记下它。每个人都会有一些值得记录的积极的方面，哪怕只是："嘿，我们还活着！"

一般来说，我们很容易回忆起那些进展顺利的事情。不过，如果你觉得这个有些困难，那你可以回看一下日历、你的社交网络或者之前的待办事项并从中搜集一些有用的信息。

对记录的内容也没有数量的要求，也许上个月只发生了一件好事，也许发生了十几件。一件也不嫌少，十几件也不嫌多。理想情况下，你应该能够至少找出一件顺利的事情给自己打打气。

这个练习会帮助我们激活自己积极的记忆。当我们想到那些顺利的事情，我们就在提醒自己生活中确实会发生一些美好的事情，它会立刻使你产生一些积极的感觉，让你确信自己在被爱护和珍惜。在这种状态下，你会更容易找到自我价值，会以更乐观的眼光看待世界和做出正确的选择，即使身处逆境也能很快重新振作起来。

进展不顺的方面

接下来的话题略有难度，因为你需要思考哪些事情进展得不够顺利，也就是说你需要整理在过去一个月内所遇到的问题、失望和挫折，例如在项目上出错、参加商务会议迟到、前几周睡眠质量不佳、最近陪伴家人的时间过少或者没有参加体育锻炼等。

实际上，生活中的各个方面都存在改进的空间。即使面对一个成功的项目，我们也始终可以找到一些改善它的方法，但如果你确实找不到，这一部分也可以先空下不写。

填写这一部分的时候请尽量保持中立，不要写你有多么不擅长做某事。我不想让你因此陷入消极，也无意让你用言语来打击自己，相反，我希望你找出问题的根源，无论什么原因都可以把它记下来，例如："我睡眠不好，可能是因为我最近熬夜看电视。"这些见解将为下一列填写的内容（可以改进的方面）提供一些思路。

设置这一部分的目的在于帮助我们找出需要改进的对象。毕竟，改进方案一般都是针对那些进展不够顺利的事情。如果我们承认了存在的问题，我们后面就可以做出一些针对性的改变，并在下个月解决它们。

可以改进的方面

在上一列中我们已经列出了自己感觉进展不太顺利的事情，那么这自然就引出了一个问题："我们要如何改进？"这就是表格的最后一列。

设置这一列的目的在于确定未来需要采取哪些行动来实现改进。我们应该怎样做才能确保自己不会再次遇到同样的麻烦？我们可以做些什么来防止问题再次出现？我们需要采取什么方法来缓解现在的状况？

内容不需要多么宏大，写下一至两个具体的行动方案就足够了。你可以为你的职业、家庭、爱情、财务状况或其他任何需要改进的方面简单写下一两句改进计划，比如"通话时记得做记录""报名参加一门瑜伽课""将我正在读的书读完""为……创建日历提醒"等等。

行动方案最好是具体的、可测量的。与其说你为了更好的睡眠质量应该早点睡觉，不如直接确定好每晚睡觉的确切时间，比如说晚上 11 点。

最后，跟踪自己的进度也很重要。回顾完成之前再看一眼上个月的记录，如果你能够遵照和执行自己的改进计划，你会在下个月看到改进的成效，但如果你连续两个月看到同样的问题出现在"进展不顺的方面"，这表明计划可能没有被执行或者执行的效果不佳。

示例

类别	进展顺利的方面	进展不顺的方面	可以改进的方面
健康 / 养生	在长期休整之后开始去健身房健身	晚上的拉伸练习有所松懈	在日历中设置一个提醒，提醒自己每周做两次拉伸
工作	上个月的工作量不多，有更多的时间进行自学	忽略了某一项工作任务，导致工作中出了问题	按优先级给事情排序，留意那些"最高优先级"

练习 #3：
镜头拉远

我们现在来做一个思维实验。首先花一点时间来重温你的某段记忆，任何记忆都可以，可以是最近参加的某项活动，也可以是很久以前的事情，比如你可能想详细地讲述一下你今天早上做了什么。当你重温那段记忆时想想你在那个时刻是如何看待自己的，你是像当初亲身经历时那样通过自己的眼光看待这些事情，还是会像旁观者那样从外部看待自己？

人类可以从不同的视角反思自己的经历，这是人类独特的能力。我们可以从两个视角查看记忆，即第一人称视角和第三人称视角。

第一人称视角（也被称为现场视角或自我沉浸视角）指的是你以自身的视角来查看或者回忆事情，就像自己当初经历它们时一样。一般来说，这是我们常用或者默认的方式，当我们以这种方式回忆事情时可能会感觉自己重新温习和体验了那个场景。

第三人称视角（也被称为观察者视角或自我抽离视角）指的是你以观察者的视角从外部来回忆事情，而不是以最初自身的视角。当你以第三人称视角进行回忆时，你就好像在电影里看到你自己。

举个例子，利奥正在回忆他收到录用通知的那个时刻。如果以第一人称视角来看，利奥会像自己当初亲身经历时一样回忆这个情景：他听到了桌上的电话响起，看到了自己伸出右手去接电话，听出了招聘人员的声音，重新体会到了惊喜的感觉。现在让我们切换到第三人称视角，如果利奥以第三人称视角来看，他会像当天在那个房间里的旁人一样回忆这个情景：

他会看到一个年轻人（名叫利奥）听到电话铃声，从房间的另一头走过来，拿起电话打了个招呼，然后他会发现那个年轻人的脸上绽放出了微笑。

现在我们再说回负面记忆。当我们重温负面事件时，我们通常倾向于采用第一人称视角，即以亲历者的角度来看待那件事情。但是这却是一个陷阱，因为当我们采用第一人称视角时难免再度沉浸于过去的情景之中，我们会回放那件事情的所有细节并重新体会当时的情绪。简单地说，我们从情绪的角度重新体会了那件事情。更糟糕的是，我们经常会陷入事件的细节中，那些细节会引发我们的消极情绪，导致思维反刍，因此我们又开始纠结于事情发生的经过、出错的原因以及我们当时的感受，而这又会加剧我们的消极情绪。

其实，我们在回忆一些负面事件的时候也可以采用第三人称视角，即从一个旁观者的有利位置来看待当时的情景，就像是通过另一个人，一个没有直接参与的人的眼光来看待你自己的处境和行为。

让我们来做一个实验，回想一些困扰你的事情，例如工作失败、与朋友发生冲突、重要约会迟到等，然后请你用第三人称视角，而非第一人称视角来看待这段令你不安的记忆。将回忆中的"镜头"拉远，你就可以在取景中看到自己，再拉远一些，你就能够看到整个场景，其中包括参与者和事件本身。然后你把它播放出来，以一个遥远的旁观者的视角来观察它的发展。

这时你有没有体会到不一样的感觉？这个简单的技巧旨在帮助你建立和自己记忆之间的心理距离。通过练习，你基本能够跳出自己的直接体验，这在一定程度上有助于减轻由记忆带来的情绪负担。也就是说，你依然能够感受到这样的情绪，但它不会再刺痛你了。

　　但我想强调的是，这项练习并不适用于受到创伤后应激障碍、闪回或其他严重精神创伤困扰的患者。如果你确实有以上这些比较严重的心理问题，那我建议你最好寻求专业心理治疗师的帮助，他们应该能够解决这样的问题。

视觉摘要

常见问题：沉湎于过去　　　　训练目标：从过去中汲取经验

▼

小结

————

- 除了事件本身，我们的大脑还可以记录在事件中感受到的情绪。情绪通常会使记忆更加清晰和生动。如果这个事件在情绪上具有重要意义，你就更容易记住它，它越重要，你就越有可能将它保留在记忆中。

- 一种强烈而痛苦的情绪会产生一段强烈而痛苦的记忆，这段记忆会轻易地被环境中各种因素触发。

- 负面记忆可能会给我们带来巨大的痛苦，它们似乎有自己的想法，当它们向我们发动袭击时，会把我们拖回到消极的经历中，增加我们的心理负担和消极的想法。

- 思维反刍是指对某件往事或当下某个压力源进行反复的思考。过度思考是一种情绪上的折磨。

- 自我反思是指用非评判的态度、以主动学习（哪怕是从消极的经历中）为目的来思考某件往事。

- 你可以通过开展个人月度回顾来反思你生活的各个方面，问问你自己可以从中吸取什么样的经验教训以及在未来如何做得更好。

- 你可以采用第三人称视角来回顾那些令你痛苦的记忆，想象你自己是一个偶然路过的陌生人，可以远观事态的发展。

第二章视觉摘要

常见问题：　　　　　　　　训练目标：

大脑走神，　　　　　　　　培养正念，

消极的自我对话，　　　　　现实地思考，

沉湎于过去。　　　　　　　从过去中汲取经验。

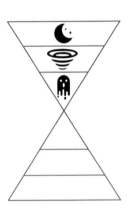　　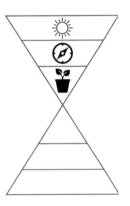

	常见问题	训练目标	练习
1. 理智	大脑走神	培养正念	(1) 将注意力拉回来 (2) 五官感觉训练法 (3) 冥想
2. 信念	消极的自我对话	现实地思考	(1) 监控 (2) 使用想法记录单 (3) 质疑
3. 记忆	沉湎于过去	从过去中汲取经验	(1) 留出时间做回顾 (2) 反思 (3) 镜头拉远

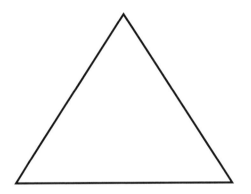

第三章

底部金字塔

8
掌控情绪：
培养自我调节技能

许多人对自己的情绪感到迷惑。为什么我们天生就有这么多情绪？为什么我们的情绪有时会变得很不理智？我们的情绪到底有什么作用？

对于情绪最普遍的观点是：情绪对人类生存来说具有重要的进化上的意义。所有的情绪，无论是消极的还是积极的，都有其存在的原因。即使愤怒、恐惧、内疚以及其他某些情绪并不受我们欢迎，但它们都具有重要的作用。事实证明，每一种情绪在我们进化过程中的某些时刻都能发挥出自己的作用，可以帮助我们应对不同的情况。简单地说，情绪会让我们接近我们感觉良好的事物，远离我们感觉不好的事物，比如厌恶（恶心感）会阻止你中毒，恐惧会提醒你避开危险，快乐证明你拥有安全感，爱会促使你做爱和养育后代，等等。

与此相关，情绪系统①的作用正是促使我们对各种不同情况做出快

---

① 情绪系统包括边缘系统和杏仁核，是大脑中与情绪密切相关的部分。

速反应。当我们的祖先生活在野外，他们在面对危险时需要迅速做出反应。想象一下你遇到了一只老虎，没有时间去思考，你如果不马上行动就会被吃掉。出于这个原因，情绪会来接管和控制我们的行为，它们会立刻做出反应，并刺激我们的身体采取相应的行动。肾上腺素瞬间就会被释放到血液中，心跳开始加快，肌肉收紧。就这样，你的身体已经进入了应激状态，做好了随时逃跑或者战斗的准备。

由此我们可以得出一个重要的结论：情绪是有用的信号，它们会告诉你什么是有益的，什么是危险的。如果你正遭受某种威胁，恐惧会提醒你马上逃跑，好好保护自己；如果没有恐惧，你就感受不到危险，这样的话你的生命会持续受到各种威胁。

可见，如果你忽视了自己的情绪，你就屏蔽了大脑发送给你的重要信息；如果你能认真倾听自己的情绪，你就能获得有价值的信息，知晓正在发生的事情，你会洞察到你内心的想法，了解自己需要什么、被什么东西困扰、如何受到环境以及自己的想法和行为的影响。了解这一点可以帮助你加强与自己的联系，做出更明智的选择，最终获得良好的自我感觉。

常见问题：
情绪淹没

有些人根本不想拥有消极情绪，有时你也希望自己能够一直快乐，是不是？然而我需要提醒你，拥有消极情绪并不是什么坏事。没有任何一种情绪是"错误的"，所有的情绪——无论是积极的还是消极的——都值得被我们感受到。

但是如果你正在体验所谓的"情绪淹没"，那就是个问题了。情绪淹没（emotional overwhelm）指的是一种处于激情之下的情绪状态，当你发觉自己的情绪强烈到自己难以应对时，你就已经处于这种状态了。

情绪淹没不仅仅意味着感觉不佳或者压力过大。根据其定义，被淹没意味着被某种东西吞没或者制服，所以情绪淹没意味着你被粗暴不羁的情绪完全吞没了，就好像一个 6 米高的海浪向你袭来。这是个可怕的体验。当海浪吞没你的那一刻，你会感觉到被困、无助，不知道如何脱困，无法逃离。

通常，我们最容易被恐惧、愤怒、内疚或羞愧这样的消极情绪所淹没。你可能很熟悉"悲痛欲绝"这个词，当一个人在失去至爱的时候可能会体会到这样的情绪。然而一个人也有可能被喜悦等积极情绪所淹没，常见的例子是欣喜若狂和欢欣雀跃。

少量的消极情绪其实并不可怕，可怕的是它们不断积累，最终达到一个我们难以应对的临界点。

你有没有情绪完全失控的经历？比如你是否发过脾气并在当时说了一些后来后悔的话？你是否对生活中出现的各种问题感到麻木？你是否因为恐惧而失去了一些重要的机会？你是否曾感到悲伤甚至抑郁？如果你的回答是肯定的，那你和很多人一样。

每个人对情绪淹没的体验可能都不尽相同，它因人而异，因情绪而异，但受情绪淹没困扰的人会有以下一些常见表现：

- 消极情绪与日俱增（例如焦虑、易怒、内疚、悲伤）。
- 对看似无关紧要的情况反应过激（例如在原因不明的情况下斥责别人或对人发火）。
- 感觉身体不适（例如血压升高、呼吸短促、出汗、头痛、免疫力下降、失眠、疲劳）。
- 做事用力过猛，不计代价。

是什么导致了情绪淹没？通常来说，情绪淹没是由某个强烈的压力源造成的。如果一个人在生活中遇到了某个自己难以应对的压力源，他就会不知所措，例如遭遇车祸或失去至亲。此外，同时或接连出现的一系列挑战或者问题也可能导致情绪淹没，例如工作中的压力和人际关系问题。因此，一个人很难确定导致他们情绪淹没的确切原因。

需要注意的是，对压力的感受会因人而异。也就是说，某件事请可能对一个人造成压力，但对另一个人来说也许并不是个问题，可以轻松应对。以下是导致情绪淹没的一些常见诱因：

- 人际关系问题（例如打架、离婚诉讼）
- 工作中的压力（例如工作时间过长）
- 个人财务危机或者贫穷
- 营养不良

- 失眠

- 身体疾病或心理疾病

- 创伤性个人经历（例如车祸、虐待）

- 至亲的离世

- 看护老弱病患

- 抚养子女

无须赘言，情绪淹没可以对我们造成非常严重的伤害。当你受到它的影响时，你会发现自己很难保持积极的态度，也很难做出正确的决定，这自然会影响你的个人生活和职业生涯。如果不加以控制，情绪淹没可能会全面摧毁你，严重威胁你的身心健康。

训练目标：
培养自我调节技能

生活中我们都在努力应对自己的情绪。如果消极情绪失控，我们可能会失言失态，大发脾气，后来又为冲动时说的话或做的事而后悔。当然这并不意味着积极情绪就是好的，消极情绪就是不好的，因为某些积极情绪——比如兴奋过度——会在不恰当的场合造成很多麻烦。再比如，当我们对未来过于乐观时，我们可能会自信过了头，最终误判风险，做出错误的决定。

所以我们并不是要驱逐全部消极情绪，只培养积极情绪，这样做只会适得其反，更合理的方法是培养情绪自我调节技能。

情绪调节（或情绪自我调节）是一个术语，通常指的是以有益的方式来识别和管理自己情绪的技能。拥有良好情绪调节技能的人可以掌控自己情绪的类型、强度、产生时间以及表现形式。

更准确地说，良好的情绪调节技能要求你根据情况需要或目标来监控、增强、缓和或调整自己的情绪。其中情绪下调（Down-regulation）指的是减少情绪的强度，例如焦虑的人可以通过呼吸练习来减轻焦虑，愤怒的人可能会通过跑步来分散注意力；而情绪上调（Up-regulation）意味着有意增加情绪的强度，例如如果你支持的球队赢得了冠军，为了增强自己的快乐感受，你可能会决定和其他球迷一起庆祝。

注意，情绪调节并不意味着你永远不会拥有消极情绪，它只意味着你知道如何以一种有益的方式应对自己的消极情绪。简单地说，你拥有了能够使自己冷静下来的工具，也知道如何在恰当的时间以恰当的方式建设性地表达自己的消极情绪。

假设你的老板因为你在工作中犯了错误而责骂你，你会有什么反应？你会在商务会议上以大喊大叫的方式"回敬"他吗？你会辞职吗？如果你能够克制自己的沮丧，压制自己的愤怒，那么恭喜你，你拥有了良好的情绪自我调节能力。

但请注意，情绪调节的能力也是因人而异的，在这方面有些人可能天生比其他人更有天赋或者他们可能接受过更好的训练。设想一下这样的场景：早上上班时你的老板对你大发雷霆，当天晚些时候街上有人把咖啡洒在了你的新衬衫上，在回家的路上你遭遇了严重的交通堵塞，回到家以后你的爱人因你做错了某件事而对你大喊大叫，那么你会如何应对这些情况呢？

假如你在每一种情况下都能控制住自己的情绪甚至可以做到波澜不惊，那你就是绝地大师（Jedi Master），可以收徒啦。

然而在上文提到的例子中，一个人可能能够在工作中调节好自己的情绪，在其他情况下却未必；你也许可以在工作中控制住自己的愤怒，但会在开车时爆发出来；或者你也许可以在开车时保持冷静，但会在回家后与爱人发生争吵。

毫无疑问，我们都需要学习一些情绪调节的技巧。好的情绪调节技巧会带来诸多即时的和长期的益处，例如保证身心健康，更好地应对生活压力，保持情绪平衡，提升日常表现，以及建立平和的人际关系。

假设你很难控制自己的脾气，别担心，情绪调节能力不是我们与生俱来的，它是我们后天习得的东西。以儿童为例，当他们感到不适时会大发脾气，放声大哭，没有表现出一点对情绪的自制力。事实上，儿童正处于情绪自我调节的早期阶段，但他们的情绪调节水平可以通过某些方法获得提升，例如，如果父母或看护人给他们讲解如何应对自己的情绪，他们可以逐渐学会减轻情绪强度的方法并对令他们感到不安的情况做出恰当的反应。所以当他们长大成人以后，在感觉累了或者没有吃到冰激凌的时候，他们就不会再在街上发脾气了。

如果你觉得很难管理自己的情绪，那可能是因为从来没有人教过你管理情绪的方法。好消息是，情绪调节是一项技能，你可以在人生的任何阶段练习这项技能，在某种程度上提升自己的情绪表现。以下是一些你可以尝试在日常生活中练习和使用的技巧。

练习 #1：
给情绪贴标签

你有没有大声说过"我很难过""我很害怕""我很愤怒"这些话？如果有，做得好！事实上，很多人很难准确说出自己的情绪，更不用说直面自己的消极情绪了。相反，许多人试图掩盖自己的消极情绪，因为没人想要自己情绪不佳，这一点我们是可以理解的。然而如果我们想要培养情绪自我调节能力，那最好不要掩盖自己的情绪。我们需要学会在消极情绪出现的时候给它们贴上标签，即为它们命名，这是一个最基本的情绪调节技巧。

每当你心情不佳时问自己一些筛选性问题。我现在感受如何？我难过吗？我失望吗？我愤怒吗？然后给你当时感受到的情绪贴上标签，例如你可以回答说"愤怒""我感到愤怒""我感到悲伤"。

作为一名心理学家，我经常问别人："你感受如何？"或者"这让你感受如何？"这可能是心理治疗师们最常问的问题，也是大多数治疗对象最讨厌的问题。

这个问题的讨厌之处在于给情绪贴标签并不像听起来那么容易。尽管情绪在我们的生活中扮演着重要角色，但大多数人并不经常思考自己的情绪，这就是为什么很多人无法区分自己不同的情绪状态，他们根本没有这样做的能力。

当被问及感受时，人们的回答通常是"我不知道"，或者非常笼统地说"很棒""很好""还好""糟糕""凑合"，但无法具体说出自己实际感受到的情绪。我认识这样一些人，他们只会使用"好"和"不好"这两个词来描述自己的情绪生活。

我想知道你是否在跟踪自己白天的情绪。让我们做一个小实验：你现在感受如何？仔细想想，你能准确地说出当下的主导性情绪吗？你现在感受到的情绪也许不止这一种吧？我还可以将这个实验再深入一步，引导你回想两小时前甚至昨天出现的情绪。我知道你可能会在一天之中感受到多种不同的情绪，你能否至少说出其中一种？

再强调一遍，给情绪贴标签不是一项简单的任务。对于人们到底有多少种基本情绪，众多研究人员莫衷一是。美国著名心理学家保罗·艾克曼识别了六种基本情绪，即快乐、愤怒、悲伤、厌恶、恐惧和惊讶，然而来自加州大学伯克利分校的研究人员证明人类实际上有 27 种不同的情绪。

无论我们有多少种情绪，要识别出不同情绪之间的所有梯度变化和界限确实非常困难，这就是为什么研究人员仍在为展现出我们情绪的全貌而努力。

尽管依然存在一些争议，但研究人员已经基本达成一致，普遍认为至少存在五种基本情绪，即快乐、愤怒、厌恶、悲伤和恐惧。它们可以作为我们讨论和研究的出发点。

另外，你也可以通过对其他情绪的了解来扩展你的情绪认知，以下是一些最常见的情绪状态。

快乐	同情	恐惧	悲伤	愤怒
兴奋	渴望	惊讶	痛苦	烦躁
钦佩	爱	惊骇	悲痛	愤恨
欢乐	厌烦	焦虑	内疚	厌恶
敬畏	平静	震惊	后悔	轻蔑
幸福	孤独	惊慌	羞耻	暴怒
			尴尬	羡慕
				嫉妒
				自豪

这些情绪你都熟悉吗？你知道尴尬和羞耻的区别吗？知道嫉妒和羡慕的区别吗？你上一次感到欢乐是什么时候？这里面哪些是你根本没有感受过或很少感受到的情绪？我承认这些问题不怎么讨喜，因为我也这样认为，但如果你能认真想一想，你可能就会多一些对自己的情绪生活的了解。

同样值得注意的是，有些人认为他们一次只能感受到一种情绪。但事实上，我们可以同时感受到多种情绪。例如，在等待工作面试的结果时，你可能同时感受到焦虑、不耐烦和兴奋。

此外，我们还可以同时感受到积极情绪和消极情绪，例如想到我们过世的亲人，我们既为失去他们而悲痛，也为他们曾经出现在我们的生命中而感激。

那么我们为什么要给情绪贴上标签呢？首先，也是最重要的一点，这个练习能够减轻你情绪的强度，也就是说，你在说出自己感受到的情绪时它就会被削弱——积极情绪和消极情绪皆是如此。

这种现象本质上取决于我们大脑的功能。当一个人感受到某种强烈的情绪时，负责情绪的脑区就会被激活并开始掌控一切（边缘系统）。但如果你给感受到的情绪贴上标签，你就会激活负责理智系统的脑区（前额叶皮质），这会降低负责情绪的脑区的唤醒水平。前额叶皮质可以帮助你思考、寻找办法和解决问题，因此当你说出"我感到愤怒"或仅仅"愤怒"两个字时，前额叶皮质就开始工作，就把这种情绪变成了一个你审视的对象。

此外，这个练习也会帮助你建立一些和自己情绪之间的心理距离。当你准确说出某种情绪时，大脑会提醒你，你并不等同于自己的情绪。没错，你现在可能很愤怒，但这种情绪是暂时的。一方面，你确实正在感受这种情绪，但另一方面，你已经抽出身来，避免自己陷入情绪风暴。

如果你还不习惯关注自己的情绪，感觉这个练习有点难以上手，那也无须担心。因为这是一项技能，所以你可以通过练习来逐步提高。

练习 #2：
呼吸练习

自我护理中呼吸练习是最容易被我们忽视的，但它却是最强大的工具之一。它可以缓解压力，减轻愤怒和焦虑，提高你的能量水平。

让我们先从基础内容开始。研究表明情绪与呼吸紧密相关。一方面，情绪会引发不同的呼吸模式，例如我们在恐惧时会屏住呼吸，释然时会松一口气，在紧张时你的呼吸会变得更快、更浅、更不规则，而在平静或者放松时你的呼吸会变得更慢、更深、更长。

另一方面，情绪与呼吸之间的关系并不是单方面的，正如情绪可以引发不同的呼吸模式，呼吸也可以影响甚至改变人们的情绪。

平时我们很少会注意到自己的呼吸。呼吸是少数几个既可以在无意识的状态下自动进行也可以有意识地控制的身体过程之一。通常情况下，呼吸是一个无意识的过程，你无须刻意考虑，即使在你睡觉的时候它也一直进行。然而我们也可以有意识地控制自己的呼吸，例如让呼吸变长或变短、屏住呼吸等等，这种行为被称为呼吸控制。

我们有很多呼吸控制的技巧，我们可以根据自己的目的选择其中合适的技巧。在此我们将学习所谓的膈式呼吸，有时也被称为深呼吸，它是控制压力水平的最基本、最有效的技巧之一。

让我先解释一下什么是膈式呼吸。常见的呼吸类型有两种：胸式呼吸（chest breathing）和膈式呼吸（diaphragmatic breathing）。胸式呼吸的特点是使用上胸部肌肉进行呼吸，呼吸偏浅、偏快。这种呼吸类型会减少摄氧量，使呼吸变得短促并使人保持警觉，它通常出现在人们锻炼之后或面临紧急情况时。但许多人已经养成习惯，在大多数时候都采用胸式呼吸，这是不正确的，因为这种呼吸类型会让身体处于压力状态。

膈式呼吸（也称腹式呼吸）是一种使用横膈进行深呼吸的呼吸类型。横膈是胸腔底部的肌肉，主要在我们吸气时发挥作用。当你吸气时，横膈收缩并向下移动，导致你的腹部隆起，这在你的胸腔里腾出了额外的空间，使肺部扩张并被空气充满，因此膈式呼吸有助于将空气充分地吸入肺部。这种呼吸类型最常出现在你睡着后或放松时，这也是婴儿和儿童最自然的呼吸方式。

让我们再回到之前提到的压力管理。膈式呼吸就是一种最简单的放松方法，它可以降低血压、放缓心率、放松肌肉、镇静安神，会让你感觉更平静、更放松。

你可以用手来简单地检查一下自己是否在进行膈式呼吸。首先将你的右手放在腹部，左手放在胸部，当你呼吸时注意哪只手会移动。在膈式呼吸情况下，大部分移动应该发生在腹部，所以当你吸气时应该能够感觉到放在腹部的右手向外移动，呼气时右手向内移动，放在胸部的左手应保持静止或仅会轻微移动。

这个练习的妙处在于你可以随时随地进行。呼吸在一天之中始终伴随着我们，因此当你感到紧张时你可以在一天中的任何时刻进行呼吸练习，例如工作时、开车时、准备参加面试时或与爱人发生争吵后。在这些时刻我们需要做的就是进行几分钟膈式呼吸练习，紧张的情绪就会有所缓解。

流程指南
1. **做好准备**——选择一个舒适的姿势，比如坐着或躺着。如果你坐着，保持背部挺直，腹部放松，肩膀放松，自然下垂。你可以选择闭上眼睛，不过这并不是必需的（闭上眼睛能够让你更专注于自己的呼吸而不容易被外界的刺激分散注意力）。
2. **专注于你的呼吸**——像平时一样做几次呼吸，先不要做任何改变，只需要明确自己此刻的呼吸类型。注意你的呼吸是快还是慢，吸气和呼气之间是否有停顿。
3. **深吸气**——现在开始从腹部进行呼吸，用鼻子慢慢地、深深地吸气，在保证舒适的情况下让腹部随之隆起，使空气通过你的鼻孔直达你的下腹。确保你的腹部处于放松状态，不要用力或绷紧肌肉。
4. **呼气**——然后用嘴慢慢地呼气。

（续表）

流程指南
5. 增加计数——在你呼吸的时候进行计数，例如深吸气的时候在大脑中慢慢地从	数到 5，然后慢慢呼气，同样从	数到 5。然后再来一次：慢慢地吸气，从	数到 5，再呼气，慢慢地数到 5。通过这个练习你会慢慢延长自己的呼吸时长。当你觉得以上这个时长自己已经游刃有余时就可以数到 7 或者更大的数字。
6. 坚持——继续深呼吸直到你感觉放松为止。每次呼吸时让腹部随之隆起和收缩。你可以将练习时间设置为 3~10 分钟，必要的话可以适当延长。通过练习你会知道自己需要多长时间来缓解压力或收获其他的效果。

练习 #3：
情绪调查

　　情绪起伏是很正常的现象，甚至可能在一天之中都会经历几次情绪低落，这是人类的本性。不过好消息是大多数消极情绪很快就会消失，被其他情绪所取代。然而有时候消极情绪会比较顽固，它们似乎不会轻易消失或者消失不久又卷土重来。你可以通过前文提到的呼吸练习暂时摆脱它们，但不久之后你又开始感觉不对劲了。

　　这种情况表明可能有一些隐藏的诱因在作祟，是它们引发了你的消极情绪，问题是我们常常忽略了这些诱因。你可能会感到莫名的愤怒、焦虑或沮丧，你也可能莫名其妙地感觉很烦恼，甚至无缘无故地失声痛哭。

　　不知道自己感觉如此糟糕的原因本身就是个问题，因为你不知道问题的来源，也不知道谁可以帮到你或者做些什么才能让自己感觉好一点。因此许多人可能会花上几天、几周、几个月甚至更长的时间来摸索他们自己的情绪问题。

请记住，情绪系统是我们内心的警报系统，我们的情绪就是警报。消极情绪不会凭空出现，它们的主要作用是让你看到问题，这样你就可以积极地应对。如果警报经常响起，那就意味着某个地方出了问题。作为"房子"的主人，你就需要弄清楚哪里出了问题，为什么警报系统会被触发，然后做出必要的改变。

因此，如果你反复体会某种消极情绪，如愤怒、羞耻、内疚、焦虑或悲伤，这说明你需要花点时间来调查这种消极情绪的诱因。换言之，我们应该做一些情绪调查，找出那些挥之不去的情绪背后的原因，而这是扭转这些情绪的唯一办法。

我们的情绪由很多因素决定，有时很难确定它们到底是什么。我的建议是先留意一下你自己的想法，因为它们是影响我们情绪的主要因素之一。

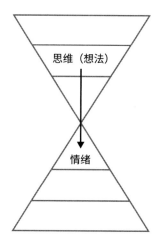

留意一下此刻你大脑中的想法。如果你认真做一下自我反思和检查，你可能会捕捉到某个引发你情绪混乱的想法。例如，你希望你的爱人能帮你多带带孩子但她（或他）实际上却没有；例如，你认为你应该为出现的问题而自责；例如，你认为最坏的情况即将出现。

如果你捕捉到了一个令你不安的想法，那么你已经可以用我们之前讲过的技巧应对这些"入侵者"了（详见第 6 节）。我们首先会分析这个想法的准确性，通盘考虑支持它的证据和反对它的证据，质疑它，然后用更公正、更现实的想法取代它。

如果经过这一番操作你却仍然无法理解为什么自己还没有摆脱某些强烈的消极情绪，不要气馁，要找到这些情绪的根源并非易事。

在这种情况下我建议你寻求心理健康专家的帮助，你大可不必独自面对情绪上的难题。一个优秀的心理治疗师会把所有的信息整合在一起，然后找到诱发你的消极情绪的原因。这样你就会对这些诱因有更好的了解，之后你可以慢慢凭借自己的能力发现它们。

示例

无论你是情绪调节的新手还是大师，我建议你优先考虑"练习 #1：给情绪贴标签"，它是自我护理和心理治疗领域最常用的技巧。它相对容易操作并且能够有效缓解消极情绪带来的痛苦。它可以给你提供重要的信息，帮助你全面改变自己的行为或生活。

我来分享有一个有趣的情绪实验。研究人员为了探索人类恐惧的机制研究了 88 名害怕蜘蛛的人。研究人员要求这些受试对象尽可能地接近一只处于开口容器中的大蜘蛛，最好能够摸它一下。之后他们坐在一起交流了这次经历。

在与蜘蛛接触的过程中，第一组受试被要求给自己的情绪贴上标签，例如他们会说："我被这只又大又丑的蜘蛛吓坏了"；第二组受试尝试转变自己对蜘蛛的看法，让它看起来不再那么具有威胁性，例如他们会说："我不应该害怕，那只蜘蛛不会伤害我的"；第三组受试说了一些与实验无关的话；第四组受试什么也没说。

一周后研究人员重复了这个流程，即要求这些受试对象再次接近这只蜘蛛，最好能够摸它一下。研究人员发现给自己的情绪贴上标签的那一组比其他组表现得好得多，他们能够走近蜘蛛并且不再那么痛苦了。

研究结果表明，谈论我们的情绪可以产生非常强大的效果。当人们描述和谈论他们的恐惧（例如对蜘蛛的恐惧）时，他们的焦虑感会因此而减轻。

视觉摘要

常见问题：情绪淹没　　　训练目标：培养情绪调节技能

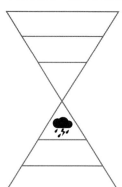 

▼
小结
——

- 与其否认或压抑消极情绪，不如以开放和好奇的心态面对自己的情绪状况。

- 如果你感受到某种强烈的情绪即将爆发，请记录下这种情绪，用一些简单的字词或短语给它们贴上标签，例如"愤怒""悲伤"，或"我感到愤怒、悲伤"。

- 减轻压力的最简单的方法就是呼吸控制。呼吸控制是对呼吸的自主调节，例如使呼吸变慢、变长等。

- 你可以从膈式呼吸（深呼吸）开始练习——积极使用你的横膈，有意识地深呼吸、慢呼吸。深呼吸可以使身体放松、情绪平静。

- 当你刚睡醒时、等公交车时、坐在办公桌前或准备上床睡觉时可以抽空做一次深呼吸练习。

- 如果消极情绪不断出现，你应该仔细调查一下导致这些情绪的原因，建议你从检查自己的想法开始：有没有产生一些打扰你、影响你情绪的自动思维呢？

9
掌控言语：
创作建设性的自我故事

　　我们被各种故事所包围。我们在电影中看故事，我们在书中读故事，我们从新闻中了解故事。不过我们通常会忽略的一点是我们也在不断创作我们自己的故事。

　　你可能还没有意识到叙事也是人们进行日常沟通的最普遍形式。留意一下人们在电话中、商务会议中和酒吧中的谈话，你会发现他们常常以讲故事的方式进行交流。

　　当有人问你："嘿，你好吗？"你可以三言两语地回应道："很好，谢谢！你呢？"基本也就到此为止。这当然算不上一个故事，但如果你想要说的不止这一句话，那你就在创作一个简短的故事，比如在和朋友交谈时你可能会多说一些最近发生的事情或你的感受，在这种情况下你的回应会变成："很好，谢谢！你知道吗？他们终于打电话邀请我去参加工作面试了！我一直很好奇他们会问我什么样的问题……"或者"你知道吗，街上开了一家新的爵士乐俱乐部，吉尔上周去了，他说里面的食物和音乐都非常棒……"

简而言之，故事是我们组织和传递经验的一种简单方式，在故事中，我们会讲述发生的事情以及我们对此的感受和看法。故事是一种工具，我们借此将随机的信息拼凑在一起，找到其中的意义并将生活中的各种事件理解为一个连贯的整体。

正因为如此，讲故事自古以来就是人类历史的一个重要组成部分。人类的第一个故事似乎出现在人类进化出语言交流的能力之后。研究人员认为，有史以来最古老的故事大约已经有 4.4 万年的历史，它是考古学家在印度尼西亚苏拉威西岛发现的一幅洞穴壁画，描绘了一个人们猎杀野生动物的故事。

当然，我们现在依然是多产的故事讲述者，日常生活中我们依然在创作和讲述着大量的故事。我们讲述的故事有关于我们的人际关系和职业，有关于政治、性、电影、家庭、体育运动和结婚纪念日。你可能会讲述一个你支持的球队如何赢得上周比赛的故事，如何欢度下个周末的故事，为何不邀请暗恋的人一起出去玩的故事，或者为何喜欢意大利美食的故事，等等。

有一个古老的说法，说是每个人的心中都有一本写满故事的书。考虑到我们讲述的故事的数量，我想说，每个人都更像一个行走的图书馆。下班回到家后我们会与家人分享这些故事；在别的时候我们也会向同事讲述这些故事，或者将它们发布在我们的社交网络（我们的现代洞穴岩壁）上。

同样，当我们遇到别人并想更好地了解他们时，我们会要求他们分享关于他们自己的故事。回想一下你最近一次约会或者上一次工作面试，你会发现基本上都是两个人在通过故事进行交流。"跟我说说你自己吧！"听到这话，你会马上开始讲述你在做什么工作，你在哪里上的学，你为什么更喜欢狗而不是猫，你在人际关系中寻求什么，或者你为什么是这份工作的最佳人选。

有趣的是，现在我正在给你讲一个关于什么是故事的故事。我希望我已经讲清楚了。总的来说，在这本书中我在讲述一个关于如何管理你的心智并努力改善你的心理健康的故事，这是一个由许多子故事组成的长篇故事。它需要通过整本书来讲述，通过多年的研究成果来支撑。它汇集了我的人生经历，包含了许多思想、见解、记忆和情感。

很快，你也能够做同样的事情。当你读完这一章，可能会针对这一章的内容创作一个故事；当你读完整本书，也可能会针对这本书的内容创作一个故事。如果你读到了一些有趣或有用的东西，你可能会创作一个积极的故事；如果你不喜欢这些内容，那可能会创作一个批判性的故事。此外，你可能只对自己讲述这个故事，也可能与朋友分享这个故事，甚至写一篇书评与大家共同交流。

对故事我们已经有了大致了解，现在我们再来谈谈技术问题，首要问题就是我们如何创作一个故事。创作过程大体上可以分为以下两个重要阶段。

首先，当我们开始解读不同的情况并试图从发生的事情中获得某种意义时，我们就开始在自己的信念系统中默默地构建我们的故事了。由于这个阶段发生在潜意识中，所以许多人甚至没有注意到它的存在，例如，在和你的爱人争吵之后或者正在做你自己的事情时，突然陷入了沉思或者开始喃喃自语，那就表明你正在经历这个阶段。

在第二阶段，我们开始在日常对话中用语言表达自己的故事。在这个阶段中，我们的故事很容易被自己发现，因为我们可以听到自己在对别人讲些什么。如果我们在一段时间内不断地讲述某个故事，我们就会逐渐养成这样的言语习惯。这意味着我们无须过多思考就可以开始以自动模式来讲述这个故事。

当然，我们一旦养成了某种言语习惯，就会在日常生活中不断重复或重温某个故事。无论你是否意识到，你会长年累月地反复讲述同样的故事。再想想你的朋友或家人，我相信你已经注意到他们多年来一直在讲述着相同的故事，这些故事有"好"有"坏"，内容包括他们上学时的趣事，赢得某些重要比赛的经历，多年前度假时做的事情，或者如何遇到了一生中的挚爱，如何被某些人伤透了心，为何没有选择结婚，等等。

总而言之，我想提醒大家的是，故事不仅仅是文字。越来越多的研究表明故事对我们的生活有巨大的影响。你讲故事的方式不仅会影响你的听众，决定你在他们心目中是不是一个有趣的人，同样也会影响你自己的心理健康和幸福感。

关于我们自己生活的故事具有特殊的力量，让我来举例说明一下。如果你创作了一个以自己为主人公的故事，故事中的你是有性格缺陷的，会在与人约会时感到尴尬，那么在下次与别人的实际约会中你也很难感到自信。相较之下，如果你创作的是另外一个故事，故事中的你在与新朋友交往时也能表现得轻松幽默、游刃有余，那么你就会在实际的人际交往中表现得更加乐观和自信。

为什么会这样？这是因为我们的言语并非与其他心智层级相互隔绝，存在于真空中。你经常说的话很容易影响你的感受，强化你对自己的信念，影响你所做的决定，最终决定你将成为什么样的人。

常见问题：
污染式故事

结局是任何故事的关键——糟糕的结局很容易毁掉一个伟大的故事，任何作家都对此深有体会。《永别了，武器》（*A Farewell to Arms*）出版后，欧内斯特·海明威透露他将故事的结局改写了 39 次。为什么？因为他非常在意"把话说准确"。

海明威似乎凭借他的直觉理解了一件非常重要的事情：作为故事的最后一部分，结局特别容易被读者记住，所以结局对于故事来说很重要。然而海明威可能不知道的是，在关于我们自己和自己生活的故事中创作出美好的结局同样重要。

污染式故事（contamination story）指的是一种包含了糟糕结局的故事，心理学家曾对此开展了深入的研究。污染式故事拥有良好的开篇，但后来越来越糟。即使一个故事开头不错，但也会被后来发生的各种负面事件摧毁或破坏（污染）掉。

客观地说，当我们面临失败或重大损失时，我们很容易赋予故事一个糟糕的结局，相关的例子不胜枚举：没有达成某个重要的目标，被解雇，经历了糟糕的分手、离婚、死亡、绝症等等。

为了让你更好地理解，以下列举了一些污染式故事的例子：

- "当我 17 岁的时候，我对政经很感兴趣（良好的开篇），但我没有选择正确的大学来学习这门学科，结果浪费了我四年美好的时光。现在每次看到自己的简历时，我都觉得我犯了一个巨大的错误。如果我之前能更聪明一些，就会选择一个更好的大学来学习这门学科（污染）。"
- "我们曾有一个幸福的家庭……我们一起抚养孩子……我们曾打算白头偕老（良好的开篇）……但我们分手了……现在我是一个单身母亲，我的生活一团糟（污染）。"
- "上学头几年我还挺快乐（良好的开篇）……但后来校园霸凌毁了我的中学生活……它完全摧毁了我的自尊心和安全感……我失去了信任他人和人际沟通的能力（污染）。"

我们为什么要关心故事的结局？因为越来越多的研究表明，污染式故事"由好变坏"的情节与心理障碍和幸福感缺乏有关。污染式故事的作者特别容易抑郁，在自尊心和生活满意度方面也得分较低。

还有一些证据表明，我们谈论自己生活的方式可以决定我们未来的行为。在一项经典的研究中，研究人员请 52 对夫妻讲述了他们如何相识的故事，而这些故事以高达 94% 的准确率预测了这些夫妻三年后是否会离婚。结果表明，那些讲述了更多积极故事的夫妻三年后更有可能将婚姻维持下去，而那些讲述了更多负面故事的夫妻明显更容易离婚。

　　为什么会得到这样的结果？看来故事本身很可能就是导致这些积极和消极结果的重要因素。当我们讲述一个关于我们生活某个方面的负面故事时——例如我们的人际关系——我们不会仅仅局限于语言，实际上，我们也在无意中唤起了一些关于这件事情的负面记忆，这些记忆会持续存在于我们的脑海中并不断引发我们的消极情绪。这些消极情绪必然又会随着时间的推移变得越来越严重，最终会让我们筋疲力尽，身体健康出现危机。因此，污染式故事最终会耗尽人们的精神能量，他们以离婚收场也就不足为奇了。

　　留意一下你自己是否会讲述那些污染式故事。对于那些习惯性地讲给别人和自己的话，我们常常不会太在意，但如果我们想改善自己的生活，我们就需要倾听和审查我们的习惯性言语。其实也不难，你只需要为那些会变糟的故事设置一个心理上的警报，一旦你听到警报响起，你就可以着手去处理和改变它。

训练目标：
创作建设性的故事

　　一个健康的故事到底是什么样子呢？当然，它可能包含很多方面，但就我而言，所有健康的故事都会以一种建设性的方式收尾。

一般而言，我们始终需要考虑我们故事的结局，不健康的故事往往有一个糟糕或消极的结局（污染了整个故事），而健康的故事往往有一个建设性的结局（在结尾处提供宝贵的经验、希望或者意义）。

请注意，这并不意味着每个故事都需要一个快乐美满的结局，但在故事的末尾至少需要包含一些积极或建设性的元素，比如最终实现了个人成长，发挥了自己的能动性（指的是个人在某种社会环境下的行动能力），从苦难中找到了某种意义，获得了救赎的机会，开展了与他人的交流，以及发现了一些意想不到的机会，等等。

对此我们可以考虑一下所谓的能力构建式故事，这种故事可以由一个简单的问题引出："这次失败如何让我变得更好？"

研究表明，那些创作成长式故事或能力构建式故事的人，心理健康水平和幸福指数更高。他们拥有更强的自尊心和更高的生活满意度，认为自己的生活更有意义。

其他一些研究也表明，能力构建式故事与学术成就之间存在关联。研究人员开展了一项实验，用来探究能力构建式故事是否能够帮助学生从失败中重新振作起来。实验结果表明，与同龄人相比，那些在对自己失败经历的描述中加入能力构建内容的学生表现出了更多对目标的执着和坚持，最终也获得了更好的成绩。

我认为这是很有道理的，这就好比把某人的失业描绘成一个冒险故事或追求合适职位的故事，与把它描绘成一个个人能力不足或社会不公的故事感觉上截然不同。

这其中的道理很容易解释：当你创作污染式故事时，你关注的是你的失败或逆境，因此你无意中增加和延长了你的痛苦。而当你创作建设性的故事时，你强调的是自己如何在这段时间里实现了成长或改变，说明尽管在过程中经历过困难或犯过错误，你还是会欣赏自己所取得的进步，因此你会对自己更加温和，产生让自己不断进步的乐观情绪。

练习 #1：
建立故事结构

如果你想要克服污染式故事，第一步我建议你先学会建立故事结构。简单地说，当我们有了一个坚实的故事结构后，我们就可以回答以下这些问题：故事从哪里开始？如何发展？何时结束？主要事件是什么？主要角色是谁？主要矛盾或冲突是什么？

就我个人而言，我喜欢故事弧（也被称为叙事弧或戏剧弧）这个概念。故事弧是建立大多数故事结构的绝佳工具，它被广泛应用于故事讲述类文学体裁，几乎可以在所有的图书、电影、电视剧、戏剧、漫画甚至电子游戏中找到它的身影。你可以把故事弧视为编写故事的公式或框架。

故事弧的基本原则是我们可以将一个故事分成若干部分或者幕。对于一个故事应该有多少幕，没有唯一答案或既定标准。一个故事可以由三幕、五幕甚至八幕组成，这一切都取决于作者讲述故事的方式以及故事本身的复杂性。

我更喜欢采用五幕结构来组织我自己的故事。我认为五幕结构简单、全面，除了不太适用于一些过于复杂的故事，大部分故事都没有问题。

五幕故事弧

第一幕	第二幕	第三幕	第四幕	第五幕

故事开头	中间发展	故事结局

五幕故事内容

第一幕（故事开头）：序幕	这部分是故事的开头，为后面的内容打下了基础。在序幕部分介绍了主角（主人公、主要角色）、配角和对手（主要反派），并简述了他们的关系、他们生活的世界以及将来推动故事向前发展的冲突。当然，没有人的生活是完美的，每个主角在故事开始时都会遭受一些生活环境中的挑战。通常存在一个所谓的"煽动事件"，即一个导致主角生活发生变化并引发了主要问题或冲突的事件
第二幕（中间发展）：上升情节	这部分讲述了主角尝试解决这个问题的经过。它的特点是包含了所谓的上升情节——紧张和冲突开始加剧的时刻。各种各样的障碍和复杂情况开始出现。此外，在这个阶段中主角经常会感到迷失，并屈服于各种怀疑、恐惧和限制
第三幕（中间发展）：高潮	第三幕描述了故事的高潮或者巅峰。之前的所有事件最终都汇聚成高潮——主角可能经历的最糟糕的时刻。高潮一般是主角和对手的最后一场战斗或对抗，这是整个故事中最紧张的部分。在这部分中主角要么解决了这个大问题（如果故事拥有美满结局），要么未能达到目标（如果故事拥有悲惨结局）

（续表）

第四幕（中间发展）：下降情节	下降情节指的是在最后一场战斗之后发生的那些事，通常展现出故事的收势。冲突和紧张的局势迅速缓和，生活逐渐恢复正常，但主角可能需要"收拾残局"或处理主要冲突后的一些次要问题
第五幕（故事结局）：问题解决	这是故事的结尾，在这部分中问题得到了解决。问题的解决结束了叙事，填补了前文中缺失的细节，也给出了遗留问题的答案。主角通常与朋友们一起庆祝胜利，反思他们的生活。我们还可以看到冲突给主角带来的变化，以及他（或她）在此之后的生活

希望你已经对五幕结构有了基本的了解，你现在应该已经清楚了在书中读到的某个类型的故事是如何发展的，你也能够在电视节目或电影中发现故事讲述的不同阶段，更重要的是你还可以轻松地将自己的故事分成不同的部分。

回想一个你在生活中面对过的挑战。它可能是任何事情，例如比赛失利、备战考试、钻研项目、发生人际关系冲突、入院治疗等。现在请你把这个挑战想象成一个由三幕或更多幕组成的故事，你能够做到吗？

想想你可以在每一幕中添加一些什么内容。第一幕将介绍场景：你自己、其他相关人员、气氛和面临的主要问题。第二幕将描述对抗：过程中遇到的障碍、挣扎、斗争、失败以及你的应对方法。第五幕将呈现结局：结果、道德寓意、你在这段经历后的变化、你接下来的打算。到此为止。

这又自然而然地引出另外一个问题：我们为什么要这样做？原因是当我们进行这个练习时，我们会采用第三人称视角。我们之前讲过"镜头拉远"，以第三人称视角从外部观察我们的记忆（详见第 7 节），这里我们采取了同样的策略——就像真正的作者一样，我们会从外部来看一看自己的故事是什么样子。

这是一个很好的练习。首先，它可以让我们保持一些情感距离。我们在前一章中提到过，第一人称视角的问题在于它会让我们沉浸在过去的经历中，给我们带来消极情绪，妨碍我们开展建设性的工作。相比之下，第三人称视角有助于我们与自己保持距离，从生活中各种事件的直接体验中走出来。大体上说，当我们从外部看一个故事时，我们会将自己从故事中抽离出来，借此缓和自己的情绪，让自己感觉平静一些。

其次，这项练习有助于我们培养客观和公正的眼光。我们如果不直接参与到某些事件中，通常更容易保持公正，也会以更加恰当的方式对它们做出回应。因此，你一旦成为自己人生旅程的外部观察者，你就能够有意识地以更有建设性的方式来处理你的故事，例如你可以评价沿途发生的事情，扩展或缩减故事的内容，建立或重新设计你的故事结构。

练习 #2：
把故事写下来

第二步，我的建议是放空大脑，把一切都写下来。许多人低估了写作的价值，也许是因为他们觉得写下某事比谈论某事要花费更多的时间，但把事情写下来确实是一个相当有效的方法。

首先，写日记可以帮助我们更好地收集和组织关于自己生活经历的信息。日常生活中我们会不可避免地遗忘许多重要的细节，然而通过写作，你可以慢慢地、渐渐地将所有的细节展现出来。最重要的一点是，写日记甚至可以将你尚未察觉到的东西展示在纸面上。

　　人们经常将故事写得很"肤浅"。我这里说的"肤浅"指的是故事中缺乏信息或填充，例如它很少甚至根本没有告诉我们关于角色或者事件的背景信息，更没有展现出一些必要的细节。拿电影或书中肤浅的角色来举个例子，我们实际上对他们的了解相当有限，我们对他们的过去、他们的动机或性格几乎一无所知。因此，我们并不真正理解他们的行事风格，我们也没有与他们建立过任何情感联系，坦率地说，我们并不真正关心在他们身上发生了什么。和肤浅的角色一样，肤浅的故事也很短小，或是极度缺乏必要的细节。当被要求就某个实质性的话题发表一些评论时，比如他们的童年、爱好或夫妻关系，他们可能会觉得没有什么好说的，只会回答一句"还行吧"。

　　写日记首先能够帮助你扩展和丰富你的故事，解决这个"肤浅"的问题。你没有必要一气呵成，你可以想写多少就写多少，也可以随时添加更多的细节，以此来拓宽或深化你的故事。每次写作时新的细节都会展现出来。

　　其次，由于日记汇集了你之前写下的所有内容，所以你也可以借助它对自己的故事进行建设性的回顾：评估故事的发展，留意故事中是否存在空白或漏洞，决定是否需要添加更多细节或进行某些修改。

　　你在上学时写过文章吧？我不知道你怎么样，我对自己的第一稿几乎从未满意过。我会把它放在一边，过一会再回来，删除某些段落，重写某些部分，斟酌某处用词，再添加一些新的内容进去。我可能会上千次地重复这个过程，直到自己完全满意时才最终定稿。

　　老实说，我已经记不起自己多少次回来修改和润色这一章的内容了，尽管我的著作经纪人和出版商早在八个月前就已经对它很满意了，但每次我脑中冒出一个新的主意，我都要回来进行一些完善。

同样的方法也适用于我们自己生活的故事。如果你不喜欢自己的某一个故事，你没有必要忍受它，你可以随时回来，按照自己的想法来编辑它，扩展和重塑它的情节，以更具建设性的方式重新阐释生活中的各种事情。

一段时间之后，你可能会意识到你已经培养出塑造自己生活经历的强大能力。你可能并不能够完全控制发生在你身上的事情——无论是好事还是坏事，幸运的事还是不幸的事，但你总能够选择理解和谈论这些事情的方式，例如你可以选择如何构建你的故事，添加多少元素，附加什么意义以及得出什么结论。

流程指南
下面是一些引导性问题，帮助你根据五幕结构创作自己的故事
介绍 •主题——这个故事的主题是什么？ 　例如：备战考试、求职、生子、搬迁、自我发现、自我表达、成长、人际关系、新冠肺炎疫情大流行期间的自我隔离。 •时间——这个故事是什么时候发生的？ •标题——你如何给这个故事命名？
第一幕（序幕） •地点——你的故事发生在哪里？ •主角——谁是主角？他/她有什么样的特点？ •角色——哪些是配角？他们有什么样的特点？ •问题/对手——故事中的主要挑战是什么？对手是谁？例如：…… *外部冲突：另一个人（例如老板、欺凌者）、社会（例如文化、政府、公司、宗教）、自然（例如地震、风暴、病毒）。 *内部冲突：身体疾病、心理问题（例如消极信念、恐惧、愤怒、坏习惯、自私的冲动、成瘾、信念丧失）。
第二幕（上升情节） •主角遇到了什么障碍？ •主角如何应对这些障碍？

（续表）

流程指南
第三幕（高潮） • 这个故事的高潮出现在什么时候？ • 主角希望如何解决这个冲突？理想的情况是什么样子的？ • 实际结果是什么样子的？主角达成他／她的目标了吗？
第四幕（下降情节） • 高潮之后需要解决什么问题？ • 冲突之后主角如何适应新的日常生活？
第五幕（问题解决） • 故事的结局如何？ • 在这段时间里主角（也就是你自己）发生了什么样的变化？

练习 #3：
丰富故事的结局

现在是时候对那些令我们不安的故事进行一些调整了，但我想先问问你："如何判断一个故事是否拥有一个美好的结局？"

我发现很多人会把注意力集中在故事的高潮部分，他们关注主角是否达成了他们的目标。如果主角在最后一战中击败了对手，那么故事就拥有一个美好的结局。如果事情没有按计划进行，主角被击败，那么故事就会有一个悲惨的结局。

毫无疑问，高潮很重要，我们都想克服最初的挑战，解决问题，实现自己的目标，然而高潮并不是决定故事结局好坏的唯一因素。

事实上，我们有很多方法可以让故事变得更积极、更有建设性。以下提供两个值得我们思考的方法：

添加一个积极的角色弧	在你的故事中考虑一下你是否尝试以某种方式实现个人成长，问问自己：这段时间里我是如何让自己变得更好的？我培养出了哪些素质？
添加一些生活中的机会	想想在这段时间里你发现了什么样的机会，问问自己：能否至少列举一件发生在这段时间里的好事？在这段时间里，你是否抓住了什么宝贵的机会？也许你遇到了一些好人，他们帮到了你，也许你利用一些"私人专属时间"给自己充了电

　　关于角色弧，我们再来看一个更具体的例子。角色弧是指在故事推进过程中某个角色的转变或内心变化。术语"弧"指的是角色转变的各个阶段：从开始身处舒适区到中间经历冲突，实现了巨大改变，最后再回到舒适区。

角色弧

角色弧	角色弧是指某个角色在故事中经历的内心变化。如果一个故事有角色弧，那么这个故事的角色最开始是以某一种人的身份（持有某些观点和态度）出场，但随后他（或她）逐渐转变为另一种人（通常经历了磨难和考验）
无角色弧	并非所有的故事都有角色弧，有些故事的角色基本没有经历任何改变。从故事的开头到结尾，他们都保持着相同的特质或态度。出现这种现象的一个原因是作者对这些角色的描述和探索不够重视。没有角色弧的角色通常会令读者感到肤浅和无趣
积极的角色弧	指的是角色经历了积极的转变。故事开始时角色在性格或行为方面通常存在某种内在缺陷或弱点（例如恐惧、消极的人生观、自私等），但随着故事的发展，角色在挣扎和困境中不断学习，培养出了新的品格，在故事的最后成了一个更好的人。角色可能会克服自己的一些恐惧，变得更加博学或更善于做出明智的决定，例如托尔金所著小说《霍比特人》中的比尔博·巴金斯
消极的角色弧	指的是角色经历了消极的转变。角色可能做出了错误决定，最终被自身缺陷或不利形势击败。故事开始时角色通常拥有很好的状态或人格，但后来没能战胜挑战，他（或她）在故事的结局中比故事开始时糟糕得多 —— 例如阿纳金·天行者（Anakin Skywalker），他逐渐堕落黑化，在《星球大战Ⅲ：西斯的复仇》中成为达斯·维德（Darth Vader）

角色内心的转变通常是由故事中重大的问题或挑战引发的。我来解释一下：主角无法解决某个问题或者冲突（出现在故事开头），是因为他（或她）还没有学会必要的技能。因此，主角如果想要解决当前的问题，必须通过某种方式实现改变或者发展，获取新的技能和能力。在某个时刻，主角开始深刻反思目前的状况，有的也开始正视自己的弱点。理想情况下，为了应对冲突和困境，主角开始学习和改变，从而能够更好地解决之前的问题。如果故事中没有这些问题或挑战，主角就无法实现内心的转变以及自身的发展。

角色弧是决定故事成功与否的最重要因素之一，我们设想一个主角没能实现自己的宏伟目标，但在故事最后他还是成了一个更好的人。他可能已经战胜了自己的一些弱点，变得更博学、更有韧性。这是个好结局吗？当然是！

有时角色的发展甚至比达成目标和获得胜利更加重要。简单地说，如果角色能够实现成长，那么就可能在未来赢得更多的胜利。

相信我，未达成的目标不会毁掉你的故事，也不会让你成为一个失败者。我们要实事求是，我们不可能实现所有的目标。有些目标需要你进行更多的尝试，付出更多的时间，学习更多的技巧，也有一些目标根本无法实现，而这并非我们自己的错。真正毁掉一个故事的是角色未能通过某种方式实现成长或改变，这是因为一个没有成长的角色注定会在未来犯下同样的错误或经历同样的难题。

做这个练习不是为了欺骗自己，强迫自己把坏事当成好事。完全不是这样！如果你没有在故事的高潮部分达成自己的目标，那你就应该承认这个事实，我们应该始终对自己保持诚实。

这个练习的目的是将你原先的故事做一些扩展。生活很少是非黑即白的，所有的故事、电影或大多数生活中的事情总是包含着除了好坏之外的中性元素。即使事情没有按照计划发展，也不意味着这段时间里的每个时刻都糟糕透顶。

我想要鼓励你全面发掘自己的经验，看看在这个过程中是否能够找到一些积极的、建设性的东西。如果没有找到，那也无所谓，但如果有一线希望，为什么不去争取一下呢？

这样你既可以对自己保持诚实，也可以让你的故事变得更全面、公正、有正能量。故事的细节越丰富就越能够反映真实的情况。

所以下次再出现问题的时候，不要急于责备自己，也不要急于宣布自己是个失败者。你需要先停下来做个深呼吸，然后把话说准确。

示例

假如你正在写一个有关暗恋的故事。你喜欢某人很长一段时间了，但总是无法更进一步，所以你想要在高潮部分展现你终于向暗恋对象提出约会要求的场景，这是整个故事的转折点。当然我们都希望他（或她）会说："好的，我愿意！"但让我们设想一下，理想的情况并没有发生，更糟糕的是它最后变成了一场"灾难"——你的暗恋对象在你众多同伴面前粗鲁地拒绝了你。

你将赋予这个故事一个什么样的结局？一场灾难？尴尬？痛苦？我知道你很可能这样做，但这并不是唯一的方式。虽然你没有达成你的目标，但你可能会意识到在这段时间里你实现了多少改变。你也许会发现你真的鼓起勇气去约你爱的人了，这对故事开始时的你来说是无法想象的。事实上，你已经培养出了直面恐惧的能力，这将帮助你在未来再次采取行动，找到完美的伴侣。信不信由你，你已经升级到了"主角 2.0 版本"。这算是个美满的结局吗？我认为是的。

在下面这两个表格中我列举了一些例子，帮助你了解怎样在实战中丰富或完善故事的结局。第一列展示的是原先的故事，它们属于污染式故事，即有着一个糟糕的结局。第二列展示的是扩展后的故事，我们在原先故事的基础上添加了一些建设性的内容，使故事变得更加丰富和完善。

示例——积极的角色弧

原先的故事	扩展后的故事 （包含了个人成长）
麦克在学校被欺负了，他说这次消极的经历使他极度缺乏安全感	五年后麦克决定学习武术来保护自己和他人
几个月以来，奥利弗一直在为一届重要的网球锦标赛做准备，但在第一场比赛中他就扭伤了脚踝，不得不退出了比赛	奥利弗在训练中加入了更多的拉伸练习，以减少在未来的比赛中出现扭伤的可能性
马特还小的时候他的爷爷就去世了，这让当时的他痛苦万分	随着时间的推移，马特逐渐意识到珍惜时间的重要性，享受与家人和朋友亲密共处的时光
莫莉在童年时期被她的父母忽视和虐待	莫莉因自己的创伤性经历而产生了高度的同理心，她在成年后注重和他人保持良好的人际关系
乔希从一所顶尖大学毕业后几乎两年都找不到一份体面的工作，最终他觉得自己是一个彻头彻尾的失败者	在这段时间里乔希发现他只想找一份看上去很体面的工作，这样他就可以每月拿到一笔可观的薪资，但他实际上并不知道自己内心真正想要的工作是什么

示例——生活中的机会

原先的故事	扩展后的故事 （包含了生活中的机会）
因疫情而居家隔离期间，弗兰克感觉很焦虑，担心自己会被解雇	弗兰克意识到他有了更多的时间阅读和陪伴孩子
玛莎被诊断出患有癌症，不得不接受手术和长期治疗	玛莎很感激她的家人在这段艰难的时间里能够团结一致，给予她支持与关怀
伊芙在数学竞赛中没有取得理想成绩	伊芙在比赛中结交了新的朋友

视觉摘要

常见问题：污染式故事　　　训练目标：创作建设性的故事

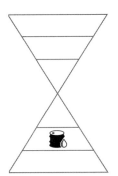 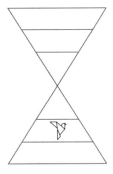

▼

小结

——

- 讲故事是我们生活中的一个重要组成部分，它对我们的心理健康、幸福和行为有巨大的影响。

- 关于我们自己和自己生活的故事具有特殊的力量，它们可以让你振奋鼓舞，也可以让你灰心丧气；他们可以让你的生活变得更宽阔，也可以让它变得更狭隘。

- 污染式故事是一种开始时很好后面却会变糟的故事，它与心理障碍和行为失当息息相关。

- 建设性故事是一种在结尾处具有建设性或积极元素的故事，例如个人成长、人际交流、救赎或生活中的机会。

- 你可以对自己的故事进行调整、编辑或重写。

- 你可以将污染式故事写下来，使用五幕结构来组织相关信息，使用引导性问题来完成你的故事创作。

- 你可以通过添加角色弧或生活中的机会来丰富故事的结局。想想这段时间里有没有什么事塑造了你的品格并让你在某一方面变得更好。至少找出一件这样的事。再想想这件事是如何让你变得更强大或更聪明的。

10
掌控行为：
优秀是一种习惯

习惯是我们以"微小自觉意识"（minimal conscious awareness）自动执行的行为。早晨刷牙、打电话时先问好、抽烟甚至走路都是习惯的表现。

更确切地说，习惯是一种记忆（程序性记忆），它会告诉你在面对特定情况时应该做些什么。如果你在特定的环境或情况下执行某个行为，你的大脑会逐渐了解情况（提示）与行为（所做之事）之间的关联。因此当你再次遇到这种情况时，你就会自动执行这个行为。

让我们来区分一下受控行为和自动行为（习惯）。并不是所有的行为都是自动行为，这一点很重要。我们的许多行为都是有意识的，它们受理智的控制，但如果你一次又一次地重复某个行为，最终它会变成习惯。

以驾驶汽车为例，当你第一次开车时，你会思考每个步骤，例如如何沿着路线行驶、如何转弯、如何靠边停车等。不久之后你又开了一次，犯了一些错误，但也记住了正确的操作。后来你又开了一次，这次用上了之前总结的驾驶经验。每开一次你都变得更加熟练，对每个步骤的思考也会更少一点。不久之后，你就可以像老司机一样熟练，甚至能够在开车的时候思考一些与驾驶无关的事情。

总而言之，我们一开始会有意识地执行某种行为，但随着时间的推移和不断地实践，它们会变成无意识的自动行为。也就是说，你在做习惯的事情时无须有意识地思考，因为你之前已经重复做过多次，你所要做的就是从你的记忆（程序性记忆）中提取这种行为。

根据杜克大学的一项研究，习惯约占我们日常行为的40%。也就是说，我们每天将近一半的行为和活动不是由意识决定的，而是出自习惯。这是一个十分惊人的比例。想想看，我们将近一半的行为都是自动行为。

花点时间思考一下你有哪些自动行为。例如，你一天中每隔多久拿起手机浏览一次新闻？你是否经常有意识地想，我是否应该拿起手机查看一下社交网络应用？当然不会，你会自动执行这个行为。

同理，我们其他的许多行为也是由习惯驱动的。我们每天几乎都会在同样的时间醒来，我们刷牙、洗澡、穿衣，然后我们会烧一壶水，做早餐，喝咖啡，之后沿着熟悉的路线开车去上班。我们不太会考虑刷牙、穿衣或者泡咖啡的各个步骤，我们直接就这么做。当我们沿着熟悉的路线行驶时我们也不太考虑方向、目的地以及转弯的时机，我们下意识里就这么开。

由此可见，习惯能够有效地简化我们的日常生活。一方面，习惯可以让你在没有意识到每个步骤的情况下执行某种行为。试想一下，如果你做任何事情时都需要进行有意识的思考，生活会有多困难，你的大脑会因不堪重负而崩溃。习惯的最大好处是你不必思考如何执行一个日常行为，你直接就做出来了。

另一方面，习惯解放了你的思维，让你可以专注于其他的任务。你的头脑会更加清醒。当你自动执行某些习惯性行为时，你的理智可以休息，也可以参与一些更高层次的活动，例如在晚饭后洗碗时你可能会思考如何度过周末，如何写出一篇好的课程论文或者晚上看什么电影。

习惯通常很难自行消失，这一点同样值得我们注意。程序性记忆往往会持续数年。由于你反复执行某一种行为，在某种意义上它已经在你的大脑中变得根深蒂固了。例如，即使你只在小时候骑过自行车，你现在也可以熟练地跨上车，骑得很平稳。

由此可见，习惯很难被打破。你可能听说过"旧习难改"的说法，就是说，你很难改变一个根深蒂固的习惯，这就是为什么那么多人想要改变自己的某些习惯却次次铩羽而归。

此外，即使某个习惯已经被你改掉，它也很容易溜回来。假如你曾有抽烟的习惯并且已经戒烟五年了，但有一天你在一个聚会上玩得很开心，喝着啤酒，你会突然问一句："我能抽支烟吗？"这意味着你又默认了过去惯常的行为。

大多数情况下，习惯作为一种长久的记忆是一个好东西。毕竟，即使多年未曾练习，习惯也能将你的某项技能保留下来。如果我们很快就忘记了自己的技能，需要一次又一次地重新学习同样的东西，那可能真的会让人很头疼了。

常见问题：
坏习惯

并非所有的习惯都对我们有益，那些有害健康或妨碍你实现目标的习惯被称为坏习惯或不健康习惯，比如抽烟，尽管你知道抽烟伤肺，或者每两分钟查看一次你的 Instagram（照片墙），即使你知道这个时候应该工作而不是玩手机。

一般来说，这些习惯都是我们认为无用的重复性行为，它们让我们难以自拔，让我们做一些自己原本不想做的事情。例如，你可能想成为一个习惯早起的人，但你每次都会在闹钟响起时按下贪睡按钮。

当然，最危险的习惯是那些可能长期对健康产生恶劣影响的习惯。研究人员公认，最有害的习惯包括喝含糖饮料、吃加工食品、久坐不动、抽烟、酗酒和吸毒，以上这些行为是肥胖、糖尿病、癌症、成瘾和心脏病等重大疾病的重要诱因。

当然，也有一些相对"温和"的坏习惯，比如无意识地刷手机、迟到或咬指甲，然而这些行为仍被称为坏习惯，因为它们会对你的注意力和工作效率产生负面影响。调查表明，人们平均每天在手机上花费 3 小时 15 分钟，平均每天查看手机 58 次。现在想一想，如果你能更有效地利用这段时间，你能做成多少事情或者取得多少成就？

　　所有的日常习惯看起来可能都是微不足道的，但是小事情也可以产生出累积效应，也就是说，每天重复的坏习惯最终会导致严重的后果，比如每天花 3 小时玩手机，这似乎没有什么大不了的，但在这里翻翻、那里看看，你每个月都会在这上面浪费 90 个小时。同理，如果你偶尔吃一些不健康的东西，那也不会对你的健康造成特别严重的损害，但如果你每天都这么吃，你很可能会在将来出现健康问题。

　　我承认没有人是完美的，我们都会时不时地做一些不健康的行为，但如果这些行为出现的频率越来越高，那我建议你在它们变为习惯之前停止这些行为，你应该不会想要陷入一种积重难返的境地。正如沃伦·巴菲特所说："习惯的枷锁，开始时很轻，轻得难以察觉；到后来却很重，重得难以挣脱。"

训练目标：
养成好习惯

　　虽然有些习惯会对你产生负面影响，但也有很多习惯是有益的。那些有助于健康或帮助你接近目标的习惯被称为好习惯或健康习惯。

　　我们每个人每天都会表现出不少好习惯——洗漱、洗澡、穿衣、洗衣服、做早餐、分类垃圾、开车、查看电子邮件、做拉伸、离开房间时关灯等等。

　　我们先来谈谈那些有益于健康的好习惯。比如我们小的时候学习刷牙，这有助于保持牙齿健康；或者学习系安全带，这有助于防止我们在车祸中受伤和丧命。

有些习惯可以给我们带来一系列好处。例如研究表明，定期锻炼可以缓解焦虑、压力和抑郁，因此它可以改善我们的心理健康，同时降低我们患上某些慢性疾病（心脏病、中风、糖尿病和癌症）的风险；它还可以增强骨骼和肌肉力量、提高记忆力和思维能力、改善睡眠、提升性生活质量，甚至能延长我们的寿命。

这不是魔法，而是我们每天那些看起来不起眼的行为随着时间的推移而不断累积所产生的效果。你的每日健康行为可以延长你的寿命，让你远离疾病的困扰。

好习惯不仅关乎我们的健康，它也为我们的职业成就铺平了道路。如果你在某个领域里坚持重复做某件事，你就能够培养出相关的职业技能，提升自己的工艺水平，并最终获得杰出的成果。

杰出的成果很少是一蹴而就的。人们在各自领域取得的成果大多基于定期和反复的练习。运动员可以创造世界纪录，是因为他们每周都要花费很多时间进行训练；艺术家可以创造出杰出的艺术作品，是因为他们每天都在进行艺术实践。

举个例子，你想跑马拉松，但如果没有进行过适当训练，你可能一场比赛也参加不了。为了跑马拉松，你通常需要做很长时间准备，需要进行合理的膳食搭配，需要制订循序渐进的训练计划，还需要培养坚韧不拔的品格。马拉松是对身体的严峻考验，如果你的身体没有做好准备，跑马拉松可能会把你送进医院。

再举个例子，你梦想成为一名足球运动员。这个梦想并不是唾手可得的，你需要从一些基本的内容开始练习，比如踢球；然后你需要用几个月的时间来养成许多正确的习惯，例如如何传球、如何挑球、如何踢出弧线球、如何大力射门、如何运球等等；之后你可能需要花费好几年的时间来巩固和完善这些习惯，直到精通所有技术。职业足球运动员在职业生涯中从未停止过提高技术的脚步，这也是他们在比赛中能够表现出色并且持续创造奇迹的原因之一。

亚里士多德曾说过："我们反复做的事情造就了我们，因此优秀不是一种行为而是一种习惯。"我非常赞同。许多职业运动员也认可这个说法，正如李小龙所说："我害怕的不是练习过一万种踢法的人，而是将一种踢法练习过一万遍的人。"

在我们进一步讨论之前，我想明确指出本章不会对摆脱成瘾行为提供任何指导，例如抽烟、赌博或任何物质成瘾。这些习惯通常是根深蒂固的，改变这些习惯可能需要更专业的指导。因此，如果你正在努力戒掉这些习惯中的一个，那我建议你寻求心理健康专家的帮助。但如果你只想了解如何应对一般的坏习惯，比如睡懒觉、缺乏条理、久坐不动、爱吃垃圾食品、甜食过量、说脏话等等，本章内容可以很好地帮到你。

对于行为提升，我们可以采取的最简单的策略就是培养良好的习惯。如果你将新的健康行为融入自己的生活，你就可以用它们来取代或挤压你现有的坏习惯。

举个例子，如果想减少含糖软饮料的摄入，你无须竭力抑制这个欲望，你可以给自己做一杯苏打水，再加一片薄薄的柠檬（如果你喜欢这样搭配）。或者如果你感觉早起很困难，总想再多睡一会儿，那么最简单的方法就是训练自己早点上床睡觉，以保证充足的睡眠。

无论你的目标是什么，与其想方设法改掉某些行为，不如培养新的健康行为，这是更有效的做法。这就是我们接下来要学习的内容。

练习 #1：
设置提示

培养习惯都是从设置提示开始的。提示是一种会触发你执行某种行为的刺激，它是提醒你采取行动的东西。换言之，它是与你执行的某种行为有关的东西。

提示可以有很多不同的形式，它们可能是外部刺激，比如事件（例如手机的嗡嗡声）、一天中的某个时间（例如睡醒后）、有形物品（例如运动鞋、一包香烟）、周围的人、先前的行为、声音、气味等，也可能是内部刺激，比如你的身体状态（例如血糖降低）、情绪状态（例如感到焦虑）、想法等。

因此，要养成某种习惯，我们首先需要在自己的环境中放置一个可见的提示，让它来提醒我们执行某种行为。如果你想让自己养成多喝水的习惯，你可以给水壶灌满水，把它放在桌面上。水壶在这里就是一种提示，提醒你今天要把这壶水喝完。

示例

- 多喝水——在桌上放一壶水。
- 每天读书——在床头柜上放一本书。
- 健康饮食——在餐桌上（或在家里、办公室中任何显眼的地方）放一盘苹果。
- 晚上慢跑——将你的运动鞋放在家里走廊中显眼的地方。
- 下班后去健身房——去一个回家途中会经过的或者离家近的健身房。

设置提示的基本原理是通过调整环境，可以让目标行为更容易达成。可是为什么会这样呢？

首先，提示能够起到提醒我们执行某一行为的作用。当相关提示被设置在我们环境中合适的位置上时，我们就无须整日将精力放在那个想要养成的新习惯上。因为有了提示，我们就不会忘记执行这个行为，同时也节省了一些心力。

其次，环境往往会影响人们的行事方式，特别是在我们意志力和动力不足的时候，我们更倾向于根据周围的情况做出决定，例如当我们感到疲惫或者生病的时候，很少有人会不嫌麻烦地跑去商店挑选合适的食材然后回来做一顿健康的晚餐。大多数人都不会这样，他们在这种情况下都会选择他们身边触手可及的食物。

由此可见，提示对于习惯的养成相当重要。如果你塑造了你生活或工作的环境，那么环境就会反过来塑造你的行为，帮助你做出更好、更健康的选择。所以如果你想加强锻炼，你可以在客厅里放一张瑜伽垫；如果你想在白天集中精力工作，你可以关闭手机和电脑上社交应用的推送通知。即使在习惯培养的过程中你感到疲惫或者想要半途而废，这些提示也会帮助你坚持下去，养成良好的习惯。

练习 #2：
从小处着手

一些人认为如果他们直奔自己的最高目标，他们能更快地取得成果。举一个健身初学者的例子：我在健身房看到很多初学者第一天到来就恨不得举起整个健身房，他们通常会选择超过自己承受能力的重量或对全身的肌肉群进行高强度的锻炼。这样做，轻则导致身体快速倦怠——你在锻炼后会感觉浑身疼痛，状态不佳；重则导致身体严重受损。

相比之下，更明智的选择是尽可能地让你的新行动变得容易一些，最好方法就是从小处着手——真的是从很小很细微的地方入手。你先选定一种自己想要执行的行为，然后缩小它，这样它就不再对你构成挑战；或者你先选定一种行为，然后将它缩小到不得不做的程度，举个例子：如果你想养成定期冥想的习惯，那就从每天只冥想一分钟开始。

示例

- 多锻炼——不要一次做 30 个深蹲，从一次只做两个开始。
- 早起——不要强迫自己提早一小时起床，从提早 5 分钟开始。
- 多吃蔬菜——从每天只吃一小根胡萝卜（或其他喜欢的蔬菜）开始。
- 多阅读——从每天只阅读 5 分钟开始。
- 多与别人聊天——不要强迫自己发起对话，从对人打招呼或者微笑开始。

如果你觉得这些太过琐碎或者收效太慢，你可以做得更多一些，那也完全没有问题，这表示你做得很不错。请记住，这个练习不是为了训练我们的耐力，而是为了帮助我们培养某种习惯。因此我们在这里的重点不是做你能做到的事情，而是做你能坚持的事情。

假如你想跑马拉松，你应该从哪里开始？每天跑 5 公里或 10 公里？还是每天跑得越远越好？很多初学者都会跑到他们的极限，弄得自己筋疲力尽。如果你目前的最好成绩只有 1 公里，那你怎么能期望现阶段每次都能刷新这个最好成绩呢？如果连续这样跑一周，你就会发现自己已经疲惫不堪、灰心丧气，越来越想要放弃锻炼，投入电视的怀抱中。

因此习惯的培养需要从小处着手，这至少出于以下两个原因。首先，从小处着手基本可以保证你一定会执行某种行为。有一个众所周知的常识，即行为越难，人们就越可能放弃；相反，行为越容易，人们就越可能执行。困难的任务往往令人望而生畏，这是显而易见的。它们会花费我们更多的时间，也会耗尽我们的精力，让我们不堪重负。这就是为什么改变得太快或者一次改变得太多都会导致灾难性的后果。如果任务太重太过艰巨，人们就会感到疲惫，感到信心不足，就会拒绝采取下一步的行动。但如果你把它压缩得足够小，你就再也找不到不去做的理由了。如果你只需要做一个深蹲或跑步 3 分钟，你肯定会嘲笑这个"挑战"，对吧？没错，每人都能做一个深蹲。

其次，从小处着手也能让你立即获得回报。如果我们设定了某个目标并实现了它，我们就会感觉很棒。因为在这种情况下我们的大脑会释放出多巴胺，它是一种能让人产生愉悦感的神经递质。多巴胺的释放与目标的大小并没有直接关系，所以即使你设定了一个非常小的目标并实现了它，比如跑步 5 分钟，你的身体仍会释放出大量的多巴胺。作为一种奖赏性化学物质，每当你的大脑获得了新的多巴胺，它又会促使你重复这种行为。

万事开头难，头开好了，剩下的会迎刃而解。随着时间的推移，一点一滴的努力都会汇聚起来，累积成一个积极的大变化。只要你坚持自己的小习惯，你就会逐步实现改善。如果你一开始只能跑 5 分钟，用不了一周你就会想把它增加到 6 分钟。如果你一开始只能做 3 个俯卧撑，很快你会发现自己已经能做到 5 个，后来是 10 个、20 个、30 个，越来越多。

不要想着一蹴而就，也不要让它变得过于复杂，学会保持耐心是最重要的技巧。如果每次任务添加得太多太快，你就可能使习惯的培养变得过于困难，使你之前的努力付诸东流。任务合理适度，切忌好高骛远，这是我们的目标和原则。这样，习惯的养成就会变得更易掌控、更轻松、更舒适，最终会对你产生巨大的积极影响。

练习 #3：
坚持不懈

当我们学习一项新技能时，我们最常听到的是什么？你的老师或教练在上课时最常说的是什么？练习，练习，还是练习！练习是养成习惯的必要因素，这不足为奇。

我们不得不面对一个事实：养成新习惯是一个相当缓慢的过程，并非一日之功。相比于其他类型的记忆，将程序性记忆（习惯）记录在我们的大脑和肌肉中需要耗费更多的时间，例如学习一个新的事物（语义记忆）大概需要不到一分钟的时间，而培养一个简单的习惯（程序性记忆）可能需要两个月。

习惯源于一个名为"过度学习"（overlearning）的机制，指的是我们长期重复做某件事。从解剖学的角度来说，当执行某一行为时，大脑中执行该行为所需的某些神经通路就会被激活。行为每重复一次，相同的神经通路（突触）就会被激活一次。随着反复地激活，这些神经通路变得更加强壮，运转得也更快、更有效率，于是大脑就可以更快速、更自动、更熟练地发出执行的指令。

养成一个习惯需要多长时间？对此并无定论。你可以在互联网上和研究文献中看到各种各样的答案：一周、一个月、一年。根据伦敦大学学院的一项研究，养成一个新习惯平均需要 66 天（大致两个月）。研究还指出，尽管中位数是 66 天，但养成一个习惯需要的时间跨度很大，从 18 天到 254 天不等。

这一切都取决于那个习惯的复杂性、客观条件和个人情况。正如你所料，每天做 5 个深蹲的习惯很快便能养成。相比之下，如果你平时早上 9 点起床，那么想要养成每天早上 5 点起床的习惯可能需要花费你更多的时间和精力。

养成一个相对简单的习惯至少也需要两个月的时间。请记住，习惯的养成更像是跑马拉松而不是短跑冲刺，这一点很重要。

如果你需要的时间更长，也不要气馁，即使是最难的习惯最终也能够被养成。想想自己学习开车的经历，你先要花费几个月的时间来学习交通法规，后面几个月的时间在路上开得战战兢兢，有时还要再花费几年的时间反复练习，最终才能养成习惯，从容而熟练地驾驶。

你所要做的就是坚持下去，始终如一。行为需要定期重复才能被记录在你的大脑中，成为一种习惯。你越频繁地重复某个行为，你就会越快地把它变成一种习惯。

我们怎样才能让这个过程变得更简单、更有趣？我认为最有用的方法就是用日历来跟踪自己的进度。挂在墙上的那种纸质日历就能用，笔记本电脑或平板电脑中的电子日历也可以。

在最左边的一列中，我列出了想要养成的习惯，右边的几列包含了一周的天数：从周一到周日。这个练习很简单，你只需要在日历上用大

大的红 × 标记出你的日常行为。

示例——习惯跟踪表（日历）

	周一	周二	周三	周四	周五	周六	周日
去健身房锻炼	×	－	×	－	×	－	－
喝 1.5 升水	×	×	×	×	×	－	－
做拉伸	－	－	－	－	×	－	－

首先，习惯跟踪表（日历）会让我们的进度变得可视化。随着时间的流逝，我们可以看到自己已经取得了多少进展，例如，我们从表中可以看到这个人上周去了三次健身房，他在工作日也喝了足够的水，但他只在周五做了一次拉伸。

其次，习惯跟踪表（日历）会激励我们重复某种行为。实际上，习惯跟踪表（日历）利用了所谓的一致性偏差（consistency bias）。简而言之，人们喜欢让自己的行为保持前后一致。我们在做某件事上投入的精力越多，就越倾向于将这件事继续做下去，例如，如果你已经连续好几周执行某种行为，那么很可能你会有动力将它继续执行下去。于是日历上的红 × 会汇聚成链，越变越长，你会让自己保持一致，充满动力，朝着目标继续前进。

我们的主要目标是确保自己能够定期重复某种行为，例如你想加强锻炼，那就试着在同一时间、同一地点连续锻炼两个月。你可以早上 7 点起床，锻炼 10 分钟，然后去做其他的事情。第二天还是 7 点起床，还是锻炼 10 分钟，然后去做其他的事情。很快你就养成了一个新的习

惯——它会变成一个自动执行的日常行为，所以你不用再去想它，你会
自然而然地做出来。

当然，我们可能做不到天天"打卡"。因为我们有时会睡过头，有
时会感到厌倦，有时干脆忘记了。好消息是即使你偶尔"躺平"一天，
你前期的努力也不会白费，即使是表现最好的人偶尔也会有疏忽或者偏
离轨道。所以如果你懈怠了一天，没有关系，第二天回来接着练习。

我最后一个建议是不要一次给你的习惯跟踪表（日历）添加太多习
惯。你添加的习惯越多，全部完成的难度也就越大。我个人倾向于一次
只培养一种习惯。一旦你养成了这种习惯——当它成为你生活中自然的
一部分时——你就把它从日历中删掉，然后再添加下一个新的习惯。

视觉摘要

常见问题：坏习惯　　　　**训练目标：养成好习惯**

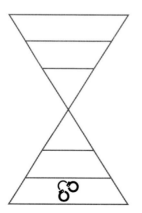　　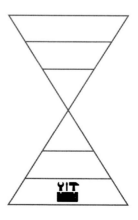

▼

小结

- 习惯是一种记忆（程序性记忆），它会告诉你在面对特定情况时应该做些什么。

- 习惯可以让你在没有意识到每个步骤的情况下执行某种行为。

- 习惯解放了你的思维，让你可以专注于其他的任务。

- 习惯通常很难自行消失，这一点同样值得我们注意。程序性记忆往往会持续数年。

- 尽可能地让你的新行动变得容易一些，最好方法就是从小处着手——真的是从很小很细微的地方入手。你先选定一种自己想要执行的行为，然后缩小它，这样它就不再对你构成挑战；或者你先选定一种行为，然后将它缩小到不得不做的程度。

- 你所要做的就是坚持下去，始终如一。行为需要定期重复才能被记录在你的大脑中，成为一种习惯。你越频繁地重复某个行为，你就会越快地把它变成一种习惯。

第三章视觉摘要

常见问题：

情绪淹没，

污染式故事，

坏习惯。

训练目标：

培养情绪调节技能，

创作建设性的故事，

养成好习惯。

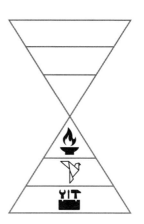

	常见问题	训练目标	练习
4．情绪	情绪淹没	培养情绪调节技能	（1）给情绪贴标签 （2）呼吸练习 （3）情绪调查
5．言语	污染式故事	创作建设性的故事	（1）建立故事结构 （2）把故事写下来 （3）丰富故事的结局
6．行为	坏习惯	养成好习惯	（1）设置提示 （2）从小处着手 （3）坚持不懈

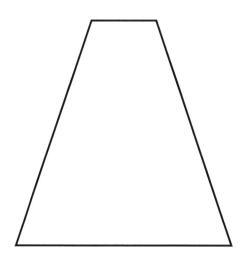

第四章

通向自我改变之路

11
从方法到实践：
向内而行，循序渐进

武术有很多种类，其中大多数都有段位或者等级系统。大多数人，甚至是那些不参与格斗运动的人，都听说过"黑带"这个词，知道它代表了很高的技术水平，但许多其他的等级和段位却鲜有人知。

在综合格斗或整合性自我护理中却没有类似黑带的概念。与传统武术流派相比，综合格斗的训练过程中形式化的东西相对较少。

但这并不影响你从等级系统的概念中获益。我在本书中讨论了很多技巧，当然你还可以从别的地方学到更多。但请注意，我们需要坚持循序渐进的原则（这样可以避免信息过载，并确保你能够真正学到一些东西）。

因此，你可以尝试将等级系统的概念引入你的训练过程中。试想一下，你在学习整合性自我护理的过程中，为了获得某些段位或者等级而不断努力和尝试。我会让你根据自己的意愿和喜好来设计这个只针对你个人的等级系统。

让我们设想一下，在学习如何处理自己的情绪时，你掌握了"给情绪贴标签"的技巧。现在，你不会再忽视或压抑自己的消极情绪，因为你已经可以区分不同情绪的类型，准确说出自己的感受了。祝贺你！你已经解锁了第一个等级！请继续努力。

根据金字塔模型，你可以在六个主要层级中不断探索，直到精通。对于如何开始，并没有唯一正确的答案。你可以从任何一个你觉得更容易或更重要的层级开始。从一个层级入手，学习我们之前讲过的那些技巧。想象一下，你解锁了某个特定的段位或等级，获得了代表它的荣誉。庆祝一下，然后去下一个层级继续探索和努力。

本书虽无法涵盖所有内容，但它提供了一些基础知识。如果在整合性自我护理中有"黑带"这样的东西，并且你确实掌握了本书提到的所有技巧和技能，你肯定能拿到黑带。下面是一些如何开始的例子。

从思维开始

还记得自己在 2020—2022 年这个时间段的个人状态吧？你可能明显感受到了比以往任何时候都要严重的焦虑和消极的自我对话。在像新冠肺炎疫情大流行这样充满挑战的时期，人们很容易陷入消极想法中。你可能会担心自己的人身和财务安全，或者对生活将如何改变或何时恢复正常感到不安。有这种感觉是完全可以理解的，对病毒大流行的担忧也是有道理的。也就是说，在病毒大流行或其他任何危及生命的情况下，我们可能会有很多无益和被夸大了的想法，比如"我们都在劫难逃"或"我对此无能为力"，这些想法会激化我们的消极情绪，让我们难以应对这种情况。

和当时数百万人一样，乔希在 2020 年，也就是新冠肺炎疫情暴发的这一年开始感到不安。很快，这种不安变得越来越严重。恐惧和焦虑的情绪不断累积，最终迸发了出来。

当乔希向我寻求如何开展自我护理的建议时，我问他是否愿意仔细检查一下自己的思维模式。因为乔希从事数据分析工作，他的分析能力非常强。当乔希得知他的分析能力对开展自我护理很有用时，他非常兴奋，并且开始学习认知技术。

第一步是让乔希捕捉自己大脑中正在出现的那些想法。下面是一份乔希的想法记录单。

日期	情况	情绪	想法
2020 年 9 月	新冠肺炎疫情大流行	焦虑、恐惧、紧张和沮丧	•许多人在生病，他们已生命垂危了 •我的父母可能会被感染 •我无法保护家人

第二步是检查这些关于疫情的想法是否可信。在这个阶段，我们每次将一个想法放到被告席，并试着以不同的方式看待这个情况。下面这个例子展示了对"我无法保护家人"这个想法的分析。

想法	支持的证据	反对的证据	判决
我无法保护家人	感染的风险很高。即使没有症状，人们也可以传播病毒，因此无法判断谁生病了	有一些安全措施可以提供帮助，比如戴口罩、洗手、使用洗手液、保持社交距离、自我隔离。一种疫苗正在生产中	虽然 COVID-19 带来了真正的风险，但我仍可以做一些事情来保护我的家人并降低感染风险

保持记录你的想法被证明是开始自我保健实践的有效方法。虽然情况仍然很困难，而且实际上每周都在变得更糟，但乔希设法停止了消极思维的循环，找到了内心的平静。

但这只是故事的一部分。在经历了几轮封锁并接种了疫苗后，乔希发现自己已经有足够的信心在公共场合不戴口罩。注射了两剂疫苗后，他不再担心感染新冠病毒。毕竟，研究表明，一些疫苗的效力接近 95%。然而，六个月后，乔希病了。他的症状很轻微，但仍然感觉不舒服，咳嗽、发烧，随后几个星期身体都很虚弱。

在这之后，乔希决定再做一次研究。

日期	情况	情绪	想法
2021 年 8 月	在拥挤封闭的场所停止佩戴口罩	感觉自信、乐观	我和家人都接种了疫苗，我们现在安全了

与第一个案例相比，乔希在他的思想记录中发现了一些积极的想法，而不仅仅是消极的想法。但这并不意味着积极的思想总是好的，不能接受审判。下面，你可以看到有关"我们现在安全了"想法的分析。

想法	支持的证据	反对的证据	判决
大家都接种了疫苗，我们现在安全了	报道称，疫苗可有效地预防感染、重病和死亡（包括预防德尔塔变体，它的传染性比其他变体更强）	由于现有疫苗在预防感染方面并非百分之百有效，一些全程接种了疫苗的人仍可能被感染（特别是在隔了一段时间之后）。接种了疫苗的人也会将病毒传播给其他人	同样完成全程接种的人可以共同参加室内聚集性活动，这是安全的。但为了降低被感染的风险，同时防止将病毒传播给其他人，我应该继续在公共场所佩戴口罩

很多人听到"管理你的思维"这句话，都认为这是在提醒我们要采取积极思维。然而我想指出的是，与消极思维相对的是现实性思维，而非积极思维。

我并不反对积极思维，相反，我经常鼓励大家采取积极思维。但是，我们要知道，积极思维可能会导致所谓的乐观偏见（又被称为不切实际的乐观）。它会让一个人高估积极事件出现的概率，从而导致危险行为。此外，如果事情没有按计划进行，我们最后会感到沮丧和苦恼。

最重要的是要记住：过度消极的思维和过度积极的思维是两个极端，它们都很容易将我们引入歧途。我们对新冠肺炎疫情大流行的想法就能很好地体现这一点。如果你过度消极，你可能会特别害怕受到感染，不敢出门见人。如果你过度积极，你可能会企盼出现最好的情况，过于乐观地认为自己永远不会被感染，然而结果可能会让你大失所望。

从记忆开始

让我们认识一下 27 岁的杰西卡，她在新冠肺炎疫情大流行期间开始做月度回顾，把它当作自我护理的一部分。以下是她 2021 年 3 月的月度回顾报告。

类别	进展顺利的方面	进展不顺的方面	可以改进的方面
健康／养生	我学习了一个新的瑜伽体式（三角扭转式）	居家隔离期间体重有所增加。没有做有氧运动	外面天气越来越暖和了，所以我可以在健身房没开门的时候出去慢跑
工作	我们团队因工作出色而受到公司首席技术官的表扬	团队成员弗兰克被另一家公司录用了，他将在两个月后离职	我们需要寻找一个好的替代人选
家庭	艾米莉过来看我。我们家人一起在附近一家餐厅吃了顿丰盛的晚餐	自从艾米莉搬家以后，我很少能见到她	无论我的妹妹艾米莉现在住得有多远，我都要和她保持密切联系。我决定在每个周末给她打电话或者发短信
友谊	我开始意识到，把握好事业与友谊之间的平衡比只关注事业更重要	为了实现我的职业抱负，我牺牲了太多社交活动	我每周都会留出时间与朋友们见面（隔离结束以后）。以后我也会经常"打卡"（例如在社交应用上给朋友们发信息）

经过几个月的回顾练习，杰西卡第一次对自己的生活有了这样深刻的认识。正如她所说："我最近意识到，我之前没有充分关注自己的社交生活……我过去的很多时间都花在办公室里，几乎没有时间和喜欢的人在一起……说实话，我之前从来都不觉得这是个问题……也许是因为

办公室里还有人能陪着我……但最近这几个月的居家隔离真的让我感觉很痛苦……自从居家隔离以来，我感觉越来越孤独……尤其是在晚上，当我坐下来时我发现房间里只有电视机陪着我……我感觉有些不太对劲。"

正如那句名言所说："真相先会使你难受，然后才会使你自由。"我想这句话适用于杰西卡的情况。当然，意识到自己的生活并不完美，感觉会有些难受，但是，当我们了解到这个残酷的真相，我们就知道需要做些什么来修正错误或改善情况。例如，杰西卡不满于自己之前所做的选择，决定重新安排生活重点。虽然她仍想追求事业上的成就，但现在她决定腾出更多的时间来做那些她认为更重要的事情，比如人际关系和休闲娱乐。

从言语开始

如果你不想从记忆层级或者思维开始，你也可以从你的言语层级开始。下面，我将给你两个来源于我个人生活的例子，告诉你如何创作有关自己生活的故事。

第一个故事是关于我创作这本书的。它不会涵盖我写这本书的那段时间里发生的所有事件或细节，因为我不想让你迷失在不必要的信息里。它只是一个概述。但它会让你了解我是如何构建和创作这个故事的。

介绍

创作一本书需要花费很多时间和努力。无论作者是否认识到这一点，创作的过程——作者如何度过创作的这段时间——本身就是一个故事。和其他故事一样，它有开头，有发展和结局。它有情节的跌宕起伏，有助你一臂之力的盟友，也有给你处处设限的对手。有怀疑或胜利的时刻，有成功或失败的感受，当然还有自我反思和个人成长的机会。

我几乎在一开始就建立了整个故事的结构。我不知道在这个过程中会发生什么事情，我会经历什么，我会如何应对，或者这个故事会如何展开、如何结束。但几乎从第一天起，我就能很轻松地把握这个故事的主要部分和主要元素。主要是因为这本书并不是我的处女作。我之前出版过一些学术类的著作，因此我想非虚构类图书的创作会具有一些共性。

第一幕（序幕）

- 引发事件：我与我的英国出版商签订了图书合同，我开始为写作做准备（即为任务做准备）。
- 角色：我、我的著作经纪人、出版商、家人、朋友。
- 主要挑战：克服种种困难，最终创作出一本有价值的好书。

第二幕（上升情节）

第二幕讲述的是创作的过程以及过程中的主要困难或挑战。我将选取自己在这段时间中经历的两项挑战进行描述。

挑战一（失眠）——创作过程中我会时不时地感受到一些消极的自

我对话。如果我写出的某个部分不够好，我会立刻听到从大脑中某个地方传来的负面的声音。它不会停止。那个"狂热"的声音甚至到了半夜也不会停下来，所以我有时候会失眠。我好几个月都没有睡好觉了，因为我的大脑在夜里仍会继续运转，让我无法入睡。

解决方案：我采取了和乔希类似的技巧，他用来克服自己对疫情大流行的担忧，我用来应对自己每晚喋喋不休的内心的声音。事实证明，这个技巧很有效：大多数时候，我只要在睡前把所有困扰自己的事情都写在一张纸上，第二天早上再检查一下这些想法的合理性和可信度就足够了。通过这种方式，我基本上能够理清思路，让自己在晚上顺利入睡。

挑战二（质疑）——随着紧张情绪的加剧，更多消极的想法开始出现在我的大脑中，摧毁了我的自信心：如果这本书真的写得很糟糕呢？如果没人读呢？图书馆里有那么多无人问津的好书。你在这件事情上钻研了这么多年，如果它只是浪费时间呢？也许我应该选择一条更容易的路来走。

解决方案：我在这些消极想法出现的时候把它们都写了下来，然后一个一个地质疑和审判。这里最重要的原则是马上行动，不要拖延。你越快发现和质疑自己的消极想法，你就能越快恢复内心的平静。

第三幕（高潮）

第三幕讲述了本书创作期的最后三个月中发生的事情。我个人认为本书的交稿日算是高潮部分。

巨大的挑战（疲惫）——我认为，这是整个创作过程中最艰难的一段时间。我已经身心俱疲，但还得继续创作和打磨手稿。虽然我热爱写作，但每天早上醒来，我都想去某个遥远的岛上躲避一下写作的压力。那些日子里，即使是最简单的任务，对我来说也像是一座难以攀登的高山。

第四幕（下降情节）

这部分主要讲述的是本书交稿之后发生的事情。包括接收出版商的评价与反馈、修改、纠错、绘制插图以及为新书的出版发行做准备。

第五幕（问题解决）

第五幕讲述了本书出版之后发生的事情，包括与亲人共同庆祝，对创作过程的反思，以及之后发生的种种（这里展开的话能写一篇新的故事）。

理想情况下，第五幕应该包括一些建设性的内容。你可以寻找一些积极的事情，赋予你的故事一个好的结局。

许多人认为结局就是定论——当一个故事写好结局，能做的只剩下回顾整个创作过程了。但如果你能有意识、有创意地进行创作，那么何时写，以及如何写故事的结局实际上都可以由你自己决定。创作过程中你可以随时书写故事的结局，哪怕是在故事刚刚开篇的时候。别忘了，你才是你故事的作者。

我总是尝试在每个故事开篇的时候就找到一些可能出现的好结局。

我在心里会把这些好结局直接放到故事的第五幕中，特别是那些情节漫长又曲折的故事。正是因为有这些好结局，我才能完全理解我为什么要经历这些漫长和曲折，明白我最后期盼的东西到底是什么。

说到创作这本书的故事，我在这个故事开篇的时候就确定了三个主要的建设性元素。

- 个人成长——我之前为这本书的创作做了不少调查研究，我认为我从中学到了很多东西，并实现了个人成长，最终完成了创作。
- 自我实现——我很高兴我能够通过这本书的创作，完成了对自我实现的追求，并发挥了自己的一些创造潜能。
- 帮助他人——我希望这本书中的一些想法和观点能够对他人有所帮助。如果真能如此，我的付出和努力绝对值得。

每当我情绪低落时，每当我不断怀疑创作这本书是否必要时，尤其是当我面对创作过程中的种种困难和挑战时，我总是提醒自己故事的最后会有这三个建设性的结局等着我。每当我想到它们，我就会觉得自己充满了继续前进的力量，无论前面的路有多艰难。

12
融会贯通：
成为更好的自己

例如，如果一个人学过拳击、空手道和摔跤，这并不等于说他（或她）就练过综合格斗。这只意味着他（或她）分别练习过多种武术类型。在这种情况下，他（或她）不一定知道如何将这些不同的类型融合为一个统一的整体。

但如果你练习综合格斗，你就能学会如何将不同的武术类型融合在一起。格斗运动员知道什么时候该采用什么动作，在站立格斗、缠抱格斗和地面格斗之间进行无缝转换。

现在，假设你已经掌握了一些自我护理的技巧。下一步要怎么做？下一步是学习如何按顺序来训练和提升你的各个心智层级。我们不是完全孤立地培养你的技能，而是希望你慢慢学会将它们融合在一起，让它们帮助你实现自我护理和个人发展的总目标。

最终，你将学会对金字塔模型的所有六个层级进行从上到下的修炼。

你的内心之旅可能会是下面这个样子：

第一步：
保持清醒的意识

　　有时你会觉得自己像是在生活中梦游，感觉一切都是乏味、重复、老套的。每天过得飞快，一周周，一月月，一年年，都是转瞬即逝。当我们的生活变得这样匆匆忙忙的时候，我们很容易就会对周围世界的新奇和美丽视而不见。

　　你可以这样想，意识就像照亮你面前道路的光源。每天太阳都会升起，带给我们阳光和温暖，让植物生长。同样地，每天当你醒来时，你的意识都有可能像太阳一样升起，光芒四射，带给你内心以澄澈和温暖，让你健康成长。

　　无论你的目标是什么，都要提醒自己：开始每一段旅程时，都要保持清醒，专注当下。当你已经在路上时，不要忘记让意识的阳光继续照亮你前进的脚步。请时刻保持清醒。

第二步：
保持清晰的思维

　　当你踏上这段路程之后，有时难免会发觉自己迷路了。途中有许多指向不同方向的路标，也有很多我们一无所知的危险的小径。如果我们走错了地方，我们可能会惊慌失措，一心想着逃离，而这只会让我们迷失得更加严重。

　　想象一下，信念系统是你内心的导航。你的目标和价值观是地图，显示你想要前往的目的地。而你清晰而现实的思维能力就像一个指南针，可以为你指示路线和方向；如果你知道如何使用这个工具，就能永远清楚自己的坐标。

所以，当你下次再来到一个岔路口时，你就完全清楚自己要去哪里，朝哪个方向前进。

第三步：
保持良好的记忆

通往我们目标的道路很少是坦途。路上总会有各种各样的障碍、陷阱或挑战，总会有想要抢劫或伤害你的匪徒，总会有拖慢你速度的突发事件。无论你多么聪明，多么幸运，你有时也可能会搞砸你正在做的事情，因为没有人是完美的。

请把记忆想象成花园里的植物。美好的记忆就像花朵，看着它们，你就会嘴角上扬。

负面记忆更像是树木。一棵树的生长需要花费更长的时间。但随着时间的流逝，它会为你结出果实，给你赖以生存的氧气和炎炎夏日里的阴凉。同样的道理，许多痛苦的经历最后也会被证明是非常有用的，尽管我们通常需要相当长的时间才能看到这一点。

但总有一天你会发现，你可以从过去消极的经历中吸取教训，就像从树上摘下果实一样。这些教训会滋养你，让你变得更坚强，帮助你继续前进。

此外，通过反思自己过去的消极经历，你可能会了解自己已经走了多远，一路上收获了多少坚韧和智慧，这样你就可以从那些经历中找到一些心灵上的安慰和平和，就像在炎炎夏日里找到一片树荫。

别忘了在你前行的过程中照顾好那些花朵和树木，让你前面的道路花开遍地、绿树成荫。

第四步：
保持积极的情绪

当我们经历困难或挫折时，特别容易感到紧张和焦虑。当你出现情绪淹没的情况时，你会做出一些未经思考的行为，对他人横加指责，或者做出一些之后会后悔的事情。你可能也会忘记你刚踏上旅程时所感受到的快乐、激情和成就感。

　　从某种意义上说，我们的情绪就像火焰。情绪和火焰对我们的生存来说都是必需品。但如果不加以控制，它们就可能带来很多麻烦。举个例子，如果一堆篝火不受人看管，它可能会在不经意间失去控制，引燃你的帐篷或导致地面起火。但是，如果你知道如何控制火焰，你就可以用它来取暖、做饭以及营造一种舒适的氛围，吸引其他露营的游客。

　　如果我们不看管好自己的情绪，它同样会失控，变得如地狱一般可怕，将周围的一切烧成灰烬。但是，如果你培养出情绪管理的技能，你就会知道如何应对日常生活中的压力，如何让自己平静下来，以及如何在各种情况下保持积极的心态。即使天气变冷，你内心的善良也会让你和其他游客感到温暖。

　　只是别忘了偶尔问问自己："我现在情绪如何？"这将提醒你在逆境中管理好自己的情绪，及时补充一些正能量。

　　如果能够做好日常情绪管理，每天早上起床后，你就会有继续前进的动力以及优雅、冷静的行事态度，即使在面对压力的情况下也不会诉诸野蛮和暴力。

第五步：
保持恰当的言语

当事情没有按计划进行或我们被激情所困时，我们很可能会误用自己的言语：你可能会把你的困难或不幸归咎于他人、责备他人，或者因为你的每一个失败或错误而自责。

我并不是说你在任何时候都不能说消极的话。我只是说，在那之后，我们不要忘记再说一些积极的、建设性的话。

虽然你不能掌控途中发生的一切，但你至少可以决定你写旅行日记的方式。你可以确保你的每篇故事中都有一些积极的东西，确保你故事中的主角（也就是你）在后面的章节中会变得越来越好。

这样的故事很快就能让你振作起来。你的言语也会激励那些你沿途遇到的人。

第六步：
保持一致的行为

每一段旅程都需要我们花费时间和精力。无论你有多强壮，连续走几天甚至一个月，你都会感到疲劳。你可能会筋疲力尽，瘫倒在地，数周都无法动弹。或者在某个时刻，你可能会有一种想要回头的冲动，因为前面的道路看起来太难走了。

不要一次就走 1000 公里。这不是更努力的表现，这只会让你更快地感受到焦虑和疲惫。

诀窍是每天只走几小步，但一定要坚持走下去，最终它会引导你到达目的地。

第四章　视觉摘要

致谢

首先，我要感谢我的家人，感谢他们在我创作这本书的过程中给予我的支持和鼓励，更感谢他们让我追求自己的目标，在我拼搏和成功的时候默默站在我的身后。没有他们，这本书根本不可能完成。我想告诉我的妈妈、爸爸、弟弟和妹妹，我爱他们。

其次，我要感谢我的经纪人雷切尔·米尔斯，感谢她从一开始就支持我的创作，并在前期帮我审阅书稿，感谢她在出版过程中表现出的耐心、乐观以及给予我的指导。

接下来，我还要感谢我的编辑尚凯雅和艾莉森·麦克唐纳给予我的帮助。凯雅让我能够自由地创作出一部我真正引以为傲的作品，并在我创作的各个阶段都提供了巨大的支持。而艾莉森凭借自己的经验和技巧，成功地完成了一些收尾工作。

当然，我也要感谢西蒙-舒斯特公司（Simon&Schuster）的负责团队，他们在编辑、设计和营销方面提供了莫大的帮助。谢谢！

我要特别感谢我的开发团队，在我参军期间他们一直推进我们的技术项目和 Brightway 应用程序研发工作。

接下来，我要感谢那些在 2022 年俄乌冲突期间与我并肩面对的人——他们保卫着自己的家园，也一直掩护着我，而我当时仍在和出版商沟通这本书的出版事宜。我要特别感谢我的好朋友、好战友谢尔盖·克鲁格利亚克。

我还要感谢所有的朋友、家人和同事。他们一直在询问这本书的情况，也给予我很多鼓励，我很高兴他们对我的工作这样感兴趣。当你在创作过程中遇到困难时，这样暖心的询问和鼓励绝对是一种安慰。

当然，我还要感谢你——我亲爱的读者。非常感谢你抽出时间来阅读这本书，并与我一起踏上这段自我掌控之旅。这是一本对我来说非常个人化的书。调研和创作的过程充满了艰辛和挑战，寻找合适的著作经纪人和出版商花费了我不少时间，其间也经历了新冠肺炎疫情大流行和俄乌冲突等全球性事件，因此我花了近十年的时间才完成了这本书的创作。但当我知道有人会将这本书读完并有所收获的时候，我会觉得一切付出都是值得的。所以谢谢你，我亲爱的读者！

注释

　　我在这部分里列出了一些参考文献、补充注释和阅读建议，我希望它们能够对你有用。但本书毕竟不是一部严格意义上的学术著作，所以我在这里提供的书目可能并不详尽。所以如果你注意到本书中有漏引或错引的地方，请登录 vladbeliavsky.com/contact，给我发送电子邮件提醒，我将尽快进行修改。

前言

关于整合性心理治疗：

Norcross, J. C. and Goldfried, M. R. (eds.), *Handbook of Psychotherapy Integration* (3rd ed.), Oxford University Press (2019). https://doi.org/10.1093/med-psych/9780190690465.001.0001.

对于在英国使用整合疗法的心理咨询师人数的研究：

Hollanders, H. and McLeod, J. 'Theoretical orientation and reported practice: A survey of eclecticism among counsellors in Britain', *British Journal of Guidance and Counselling*, 27(3), 405–414 (1999). https://doi.org/10.1080/03069889908256280.

关于哲学问题和整合疗法：

Beliavsky, V., *'Freedom, Responsibility, and Therapy'*, Palgrave Macmillan (2020). https://link.springer.com/book/10.1007/978-3-030-41571-6.

关于心理治疗的趋势和未来：

Norcross, J. C., Pfund, R. A. and Cook, D. M., 'The predicted future of psychotherapy: A decennial e-Delphi poll', *Professional Psychology: Research and Practice*, 53(2), 109–115 (2022). https://doi.org/10.1037/pro0000431.

第一章

关于记忆系统：

Squire, L. R. and Dede, A. J., 'Conscious and unconscious memory systems', *Cold Spring Harbor Perspectives in Biology*, 7(3), a021667 (2015). https://doi.org/10.1101/cshperspect.a021667.

关于情景记忆：

The term 'episodic memory' was first coined in 1972 by Endel Tulving to describe the difference between 'remembering' and 'knowing'. Tulving, E., 'Episodic memory: From mind to brain', *Annual Review of Psychology*, 53, 1–25 (2002).

关于情绪记忆：

LeDoux, J., *The Emotional Brain: The Mysterious Underpinnings of Emotional Life*, Simon & Schuster (1998).

Phelps, E. A., 'Human emotion and memory: interactions of the amygdala and hippocampal complex', *Current Opinion in Neurobiology*, 14(2), 198–202 (2004). https://doi.org/10.1016/j.conb.2004.03.015.

关于程序性记忆在言语中的作用：

Ullman, M. T., 'A neurocognitive perspective on language: the declarative/procedural model', *Nature Reviews Neuroscience*, 2, 7. 7–726 (2001). doi: 10.1038/35094573.

关于记忆障碍：

Matthews, B. R., 'Memory dysfunction', *Continuum*, 21(3), 6.3–26 (2015). https://www.ncbi.nlm.nih.gov/pmc/articles/PMC4455839/.

Budson, A. E. and Price, B. H., 'Memory dysfunction', *New England Journal of Medicine*,

352(7), 692–699 (2005). https://doi.org/10.1056/NEJMra041071.

关于语言障碍及其与程序性记忆的关系：

Ullman, M. T., Earle, F. S., Walenski, M. and Janacsek, K., 'The neurocognition of developmental disorders of language', *Annual Review of Psychology*, 71, 389–417 (2020). doi: 10.1146/annurev-psych-122216-011555.

关于亨利·莫莱森：

Corkin, S., *Permanent Present Tense: The Unforgettable Life of the Amnesic Patient*, H. M., Basic Books (2013).

关于克拉帕雷德所描述的故事：

LeDoux, J., *The Emotional Brain: The Mysterious Underpinnings of Emotional Life*, Simon & Schuster (1998).

关于艾奥瓦大学研究人员针对情绪记忆所做的实验：

Bechara, A., Tranel, D., Damasio, H., Adolphs, R., Rockland, C. and Damasio, A. R., 'Double dissociation of conditioning and declarative knowledge relative to the amygdala and hippocampus in humans', *Science*, 269(5227), 1115–18 (1995). https://pubmed.ncbi.nlm.nih.gov/7652558/.

关于迈克尔·约翰逊的采访：

https://olympics.com/en/news/michael-johnson-stroke-recovery-awareness-campaign.

关于迈克尔·菲尔普斯的采访：

https://people.com/sports/michael-phelps-opens-up-about-adhdstruggles-in-new-video-a-teacher-told-me-id-never-amount-toanything/.

第二章

关于正念的定义：

Bishop, S. R., Lau, M., Shapiro, S., Carlson, L., Anderson, N. D., Carmody, J., Segal, Z. V., Abbey, S., Speca, M., Velting, D., and Devins, G., 'Mindfulness: a proposed operational definition', *Clinical Psychology: Science and Practice*, 11(3), 230–41 (2004). https://www.personal.kent.edu/~dfresco/mindfulness/Bishop_et_al.pdf.

关于正念：

Kabat-Zinn, J., *Wherever You Go, There You Are: Mindfulness Meditation in Everyday Life*, Hachette Books (2010).

对于乐观主义者、悲观主义者和现实主义者以及长期心理健康的研究：

de Meza, D. and Dawson, C., 'Neither an optimist nor a pessimist be: mistaken expectations lower wellbeing' *Personality and Social Psychology bulletin*, 47(4), 540–550 (2021). https://doi.org/10.1177/0146167220934577.

关于认知行为疗法及其技术：

Beck, J. S., *Cognitive Behavior Therapy: Basics and Beyond* (3rd edn), Guilford Press (2020).

关于思维反刍：

Sansone, R. A. and Sansone, L. A., 'Rumination: Relationships with physical health', *Innovations in Clinical Neuroscience*, 9(2), 2.–34 (2012). https://www.ncbi.nlm.nih.gov/pmc/articles/PMC3312901/.

对于第三人称视角的研究：

Kross, E. and Ayduk, O., 'Self-distancing: Theory, research, and current directions', in Olson, J. M. and Zanna, M. P. (eds), *Advances in Experimental Social Psychology*, 55: 81–136 (2017).

Wallace-Hadrill, S. M. and Kamboj, S. K., 'The impact of perspective change as a cognitive reappraisal strategy on affect: a systematic review', *Frontiers in Psychology*, 7(1715) (2016). https:// doi.org/10.3389/fpsyg.2016.01715.

关于不同的回忆方式：

Wong, P. T. and Watt, L. M., 'What types of reminiscence are associated with successful aging?', *Psychology and Aging*, 6(2), 2.2–279 (1991).

Cappeliez, P. and O'Rourke, N., 'Profiles of reminiscence among older adults: perceived stress, life attitudes, and personality variables', *International Journal of Aging and Human Development*, 5.(4), 255–66 (2002). doi: 10.2190/YKYB-K1DJ-D1VL-6M7W.

第三章

对于情绪类型的研究：

Cowen, A.S. and Keltner D., 'Self-report captures 27 distinct categories of emotion bridged by continuous gradients', *PNAS*, (2017). doi: 10.1073/pnas.1702247114.

对于给情绪贴标签的研究：

Lieberman, M. D., Eisenberger, N. I., Crockett, M. J., Tom, S. M., Pfeifer, J. H. and Way, B. M., 'Putting feelings into words: affect abelling disrupts amygdala activity in response to affective stimuli', *Psychological Science*, 18(5), 421–428 (2007). https://www.scn.ucla.edu/pdf/AL(2007).pdf.

关于接触蜘蛛的实验：

Kircanski, K., Lieberman, M. D. and Craske, M. G., 'Feelings into words: contributions of language to exposure therapy', *Psychological Science*, 23(10), 1086–91 (2012). https://journals.sagepub.com/doi/10.1177/0956797612443830.

关于污染式故事：

McAdams, D. P., Reynolds, J. P., Lewis, M., Patten, A. H. and Bowman, P. J., 'When bad things turn good and good things turn bad: sequences of redemption and contamination in life narrative and their relation to psychosocial adaptation in midlife adults and in students', *Personality and Social Psychology Bulletin*, 27, 474–485 (2001).

基于访谈的离婚率调查研究：

Buehlman, K. T., Gottman, J. M. and Katz, L. Y., 'How a couple views their past predicts their future: predicting divorce from an oral history interview', *Journal of Family Psychology*, 5, 295–318 (1992).

关于救赎式故事和能力构建式故事：

Jones, B. K., Destin, M. and McAdams, D. P., 'Telling better stories: competence-building narrative themes increase adolescent persistence and academic achievement', *Journal of Experimental Social Psychology*, 76, 76–80 (2018).

关于如何处理我们自己的生活故事：

Schneiderman, K., *Step Out of Your Story: Writing Exercises to Reframe and Transform Your Life*, New World Library (2015).

杜克大学对于习惯的研究：

Neal, David T., Wood, W., & Quinn, J. M., 'Habits: a repeat performance', *Current Directions in Psychological Science*, 15, 198–202 (2006).

伦敦大学学院对于习惯养成的研究：

Lally, P., van Jaarsveld, C. H. M., Potts, H. W. W. and Wardle, J., 'How are habits formed: modelling habit formation in the real world', *European Journal of Social Psychology*, 40(6), 998–1009 (2010). https://doi.org/10.1002/ejsp.674.

对于习惯养成的其他研究：

Duhigg, C., *The Power of Habit: Why We Do What We Do in Life and Business*, Random House (2012).

Fogg, B. J., *Tiny Habits: The Small Changes That Change Everything*, Virgin Books (2020).